맥주 한잔,
유럽 여행

맥주 한잔,
유럽 여행

초판인쇄 2019년 12월 10일
초판발행 2019년 12월 10일

지은이 권경민
펴낸이 채종준
기획 · 편집 이아연
디자인 서혜선
마케팅 문선영

펴낸곳 한국학술정보(주)
주 소 경기도 파주시 회동길 230(문발동)
전 화 031-908-3181(대표)
팩 스 031-908-3189
홈페이지 http://ebook.kstudy.com
E-mail 출판사업부 publish@kstudy.com
등 록 제일산-115호(2000. 6. 19)

ISBN 978-89-268-9732-4 13980

맥주 한잔,
유럽 여행

글, 사진 권경민

Beer tours in Europe.

아내와 손잡고 떠난, 맥(麥) 빠지지 않는 유럽 여행기.

해외여행의 즐거움은 관광명소를 둘러보며 이국적인 거리와 건축물, 자연의 경이로움을 눈으로 감상하는 것뿐만 아니다. 새로운 문화권에 녹아들어 현지의 음식, 술, 축제, 행사, 일상의 맛을 보고 느끼는, 오감을 고루 만족시키며 소중한 추억을 만들어내는 종합 문화 이벤트 역시 해외여행의 즐거움이다. 요즘 젊은이들은 물론, 저자와 같은 중년의 여행 애호가들에게도 A부터 Z까지 스스로 기획하고 실천에 옮기는 해외여행이 보편화되었다. 또한 단순히 '어디에 다녀왔다'라는 여행이 아니라 '어디에서 무엇을 했다'가 더 중요한 여행의 포인트가 되었다. 이에 따라 여행사에서도 테마를 가지고 떠나는 여행 패키지 상품을 앞다투어 내놓고 있으며, 실제로 많은 성과를 거두고 있다.

10여 년간 미국과 스위스에서 유학하던 2~30대 시절, 호텔 관광 관련 전공을 공부했고 그곳에서 호텔 외식사업부 매니저와 외식사업을 하며 일반인들보다는 조금 더 서양 요리에 익숙해질 수 있었다. 더불어 7년 동안 맥주 관련 대외 활동을 했고, 대략 2천여 종의 맥주를 마셔 보았다. 이처럼 다른 이들보다는 조금 더 맥주에 관해 관심을 가져왔다. 이러한 경험을 바탕으로, 맥주 한잔과 함께 기차를 타고 걸어 다니며 즐겼던 우리 부부의 유럽 여행 이야기를 여행 에세이로 담아내게 되었다.

2014년《맥주 소담》이란 책을 처음 집필했을 때만 해도, 시중에 맥주에 관련된 책들이 그리 많지 않았고, 시판되는 맥주도 지금처럼 다양하지 않았다. 국내에서 생산되는 맥주도 소비자들의 다양한 욕구를 채워 주기에는 턱없이 부족했던 것이 사실이었다. 맥주를 지금처럼 다양하고 성숙하게 즐기기가 쉽지 않았기에, 현명한 소비자들은 '소맥'이라는 이름으로 자기 나름의 레시피로 맥주 칵테일을 만들어, 다양성이 부족하고 밋밋한 우리 맥주의 부족함을 커스터마이징했던 시기였다. 지금은 맥주에 관한 서적도 많이 출간되었고, 자기 나름의 방식으로 맥주를 즐기는 이들도 주변에서 어렵지 않게 발견할 수 있다. 《맥주 한잔, 유럽 여행》은 맥주 덕후들을 위한 유럽 트라피스트 양조장 투어 가이드도 아니고, 맥주 입문자들을 위한 맥주 기초 지식서도 아니다. 무작정 떠나는 여행을 좋아하고, 세계 요리를 좋아하고, 맥주를 좋아하는 평범한 대한민국 남녀 누구나 즐길 수 있는 책이다. 한 번쯤 꿈꾸고 실천에 옮기는 '유럽 여행'에 맛난 음식과 맥주라는 양념이 더해진 유럽 여행 이야기라 생각하면 좋겠다. 대한민국에 여행 온 외국인들이 카스, 하이트 맥주만 마실 필요가 없듯이, 체코 여행을 떠난 우리 여행객들이 즐길 수 있는 맥주는 필스너 우르켈, 코젤 말고도 무궁무진하다. 맥주를 즐기기 위해 양조장만을 찾아가는 어려운 일정을 소화하지 않고도 맥주 여행을 즐길 수 있다. 그저 발길 옮기는 대로 현지인들의 일상에 녹아 있는 맥주의 매력에 빠져볼 수 있기 때문이다.

여행의 매력은 새로운 곳에서 새로운 문화를 온몸으로 느끼는 것이다. 음식과 술은 그저 여행지에서 한 끼의 요깃거리가 아니라, 그 자체가 목적이 되기도 하는 여행의 핵심이 되었다. 특히 맥주의 가장 큰 매력은 시간, 장소, 이벤트, 음식에 상관없이 어떤 경우에도 흥을 돋워 주는 마법의 에너지 음료라는 점이다. 와인도 좋고, 위스키도 좋고, 칵테일도 좋고 다 좋지만, 맥주만큼이나 길에서, 장터에서, 고급 레스토랑에서, 호텔에서, 가판에서 어느 곳에서도 그 분위기에 잘 녹아들며 어울리는 술은 없는 것 같다.

유럽 여행을 준비하는 맥주를 좋아하는 모든 이들에게 조금이나마 참고할 수 있는 여행 에세이《맥주 한잔, 유럽 여행》을 통해서 연인이, 부부가, 손잡고 기차 타고 떠나는 유럽 여행의 꿈이 조금 더 구체화되기를 소망한다.

지금 바로 스마트폰을 들고 무작정 환불이 불가능한 항공권을 예약해 보자! 여행은 그렇게 시작된다. 그러고 나서 나머지 일들을 가능하게 만들어 보자. 내가 정할 수 있는 모든 것의 선택권을 남들에게 주지 말고, 직접 결정해 보자. 돌이킬 수 있는 옵션을 주지 말고, 주저하지 않고 저지르면, 처음에는 어려울 것만 같은 것들을 헤쳐 나가는 희열을 느끼게 될 것이다.

여행 작가
비어 소믈리에
권경민

목차

2 오스트리아 :
잘츠부르크부터
비엔나까지

3 슬로바키아의 브라티슬라바와 헝가리의 부다페스트

4 체코 :
프라하

~~~~~~

5 네덜란드 :
암스테르담

~~~~~~

6 벨기에 :
안트베르펜, 브뤼셀, 브뤼헤

〰〰〰〰〰〰〰〰〰〰〰〰〰〰〰〰〰

7 룩셈부르크 :
여행을 마무리하며

〰〰〰〰〰〰〰〰〰〰〰〰〰〰〰〰〰

Beer Tours in Europe

Chapter

1

독일

프랑크푸르트, 뉘른베르크, 뮌헨

라인하이츠게보트(Reinheitsgebot), 맥주순수령의 나라

맥주순수령으로 맥주의 종주국임을 자랑하는 나라, 독일. 드디어 독일의 도시 중에서도 유럽의 관문으로 불리는 프랑크푸르트에 도착했다. 뻐근한 몸을 이끌고 이미그레이션 통관을 위해 긴 줄에 합류했다. 한쪽은 자국민들과 EU 연합의 국민을 위한 줄이었고, 우리가 선 나머지 한 줄은 그 외 외국인들을 위한 줄이었다. 다른 쪽의 출입국 통관을 보니, 여권을 한 번 확인하며 불과 몇 초 만에 서로 웃으며 인사하며 통과하는 모습이었다. 우리가 서 있는 긴 줄은 줄어들 생각도 안 하는 듯 어쩜 그리 더디 진행되는지 몰랐다. 직원들

의 표정은 마치 전차부대 장교나 게슈타포 장교처럼 날카롭고 위엄 있는 포스가 느껴져 왠지 주눅이 들었다.

우리 차례가 다가와 앞쪽 다른 이들을 보니, 대기업 인사 면접도 아닌데 무슨 질문이 그리도 많은지! 가방을 몇 번이나 열어 서류를 보여주고, 핸드폰을 보여주는 모습도 보였다. 그러던 중 나의 '머피의 법칙' 트라우마가 다시금 나를 살짝 긴장하게 했다. 우리 부부는 마치 선생님께 벌 받는 초등학생처럼 담당 직원 앞에 섰다. 그는 우리에게 출국일은 언제인지, 어느 나라를 방문하는지, 호텔 예약과 여행 목적 등을 꼬치꼬치 캐물으며 항공권과 호텔 예약 서류 등을 요구했다. 나는 캐리어 가방을 열어, 그 안에서 항공 예약, 호텔별 예약 상황, 여행 일정을 프린트해 정리해 놓은 파일과 휴대폰 PDF로 저장해 두었던 같은 내용의 파일도 함께 제출했다. 대충 보는 시늉이나 하고 다시 돌려주겠지 했던 나의 생각이 무색하게, 한 페이지씩 넘기며 꼼꼼히 다 살펴보는 것이 아닌가! 순간 뒤에 서 있는 어마어마한 인파를 보며 '저 사람들은 언제 이 공항을 빠져나갈 수 있을까' 걱정하며 쓸데없는 오지랖을 떨고 있었다. 얼마나 시간이 지났을까? 날카롭기만 했던 그의 얼굴에 옅은 미소가 보였고 그는 양쪽 엄지손가락을 치켜세우며 "퍼펙트!", "엑설런트"를 외치는 것이 아닌가! 그는 여행을 잘 다녀오라며 내게 인사를 건넸고, 나는 그에 대한 답례라도 하듯이 독일어로 몇 마디 건네며 출입국 관문을 통과했다.

새벽 5시 45분에 도착한 프랑크푸르트 공항의 날씨는, 공항에서 경험한 동양인을 향한 게르만족의 눈빛만큼이나 차가웠다. 한국의 7월은 열대야에 숨이 턱 막혀 잠도 설치고, 아침부터 덥고 습한 공기에 온몸이 괴로웠다. 그런데 어찌 이곳의 7월 아침 기온은 10도, 체감기온은 8도란 말인가? 긴 바지에 바람막이 점퍼로 무장했지만, 프랑크푸르트의 아침 공기는 옷깃 사이를 교묘히 파고들며 뼛속까지 시리게 했다.

　뼛속까지 스미는 한기를 맞으며 기차역으로 이동했다. 기차역에서 유레일패스를 개시하기 위해서는 스탬프를 받아야 했다. 그를 위해 기차역 안내 센터로 이동했다. 그곳의 한 여직원은 밝게 웃으며 영어로 우리를 맞았다. 밝게 맞이해 주는 직원 덕에 조금 전 공항 검색대에서의 긴장을 덜 수 있었다. 정확하게 체크하기 위해 다시금 직원에게 유레일패스 다이어리 기록에 관해 물었다. 유레일패스의 열차 탑승 기록을 적는 칸에 매번 써야 한다고 명확하게 적혀 있었지만 그걸 매번 기록할 생각을 하니 꼭 적어야 하는지를 확인해 보기로 했다. 그 직원은 적지 않아도 된다고 답했다. 나는 속으로 '그래도 적어야 하지 않을까' 생각했지만, 알겠다고 말하고 자리를 떴다. 안 되는 줄 알면서 물어보는 나의 심보는 뭐란 말인가?

쓸데없는 오기 발동,
뢰머 광장(Römerberg)

프랑크푸르트의 아침은 체감기온 8도로 스산했다. 이른 시간이라 거리의 상점들은 모두 문을 열지 않았고 사람들도 많지 않아 텅 빈 느낌이었다. 아침의 한기를 날려줄 따뜻한 커피 한 잔이 너무나 절실했다. 하지만 온갖 촉을 세워 찾아봐도 문을 연 카페를 찾아볼 수 없었다.

과거 로마군이 주둔한 곳이어서 뢰머 광장이라 이름 지어진 프랑크푸르트의 랜드마크로 이동했다. 유럽의 구시가 어느 곳을 가도 있는 울퉁불퉁한 도로는 유럽의 정취를 느끼게 해 준다. 하지만 오랜 비행과 아침 추위에 지친 채로 캐리어를 끌어야 하는 우리에겐 야속하기만 했다. 사실 유럽 여행을 처음 하는 사람이 아니라면, 프랑크푸르트의 뢰머 광장은 딱히 관광객의 시선을 잡을 만한 매력적인 장소는 아니었다. 공항에서 마주쳤던 중국 단체 관광객들은 어느새 광장에서 사진을 찍으며 분주히 움직이고 있었다.

이번 여정의 첫 맥주를 마시기 위해 광장의 깃발부대 중국 관광
객들을 뒤로하고 이곳을 벗어나기로 했다. 그제서야 출근을 위해
분주히 움직이는 사람들, 하나씩 문을 열 준비를 하는 상점 주인들
을 발견하게 되었다. 광장 근처의 젤라토 아이스크림 가게에서 이
냉치냉으로 아이스크림을 먹기로 했다. 와퍼 콘에 아이스크림 한
스쿱씩 얹어서 먹기로 마음을 먹고 주문했다. 하지만 중년의 주인
아저씨는 우렁찬 목소리로 'No'를 외쳤다. 마치 큰 잘못을 저지른
학생에게 호통치는 학생부 선생님의 목소리 같았다. 이야기를 들어

보니, 값이 저렴한 아이스크림콘은 11시까지는 팔지 않는다는 말이었다. 아이스크림과 휘핑크림, 과일, 소스 등의 토핑을 올린 비싼 아이스크림 메뉴만 주문이 가능하다고 했다. 가게 오픈 준비를 해야 하기 때문이라고 했다.

점심시간에 다른 메뉴 때문에 단가가 낮은 아이스크림은 판매하지 않는다고 했다면 이해할 수 있었다. 또, 오픈 준비로 분주하니 손이 많이 가는 메뉴를 주문할 수 없다고 했다면 이해할 수 있다. 하지만 이 건 무슨 논리란 말인가? 그 말을 들은 순간 쓸데없는 승부욕이 발동하여 그냥 지나칠 수 없었다. 동양인 관광객을 우습게 보고 바가지를 씌우는 것 같았기 때문이다. 아내는 그냥 가자며 내 팔목을 잡아끌었지만, 나는 끝내 그 상인의 우렁찬 고함보다 더 큰 목소리를 냈다. 그런 식으로 관광객을 우습게 보고 바가지 씌우지 말라고, 관광객들이 당신을 먹여 살리는 거라고, 그런 행동이 독일에 대한 안 좋은 인상을 주는 거라고 했다.

독일이 처음도 아니었기에 이미 알게 모르게 일부 독일인들 사이에서 경험한 동양인에 대한 무례한 태도는 알고 있었지만, 이번 여행 첫 걸음부터 불쾌했다. 그냥 바보처럼 그 자리를 떠났다면, 이번 여정 내내 기분이 개운치 않을 것 같았다. 그래서 할 말은 다 해야겠다고 마음먹었던 것이다. 피고인에게 형을 선고하며 망치를 내리치는 판사처럼 그렇게 큰 소리로 소리쳤다. 그때 주변의 한 무더기의 중국 관광객들이 호기심에 가득 차 우리를 쳐다보고 있었다.

대륙의 인해전술 부대가 아군처럼 느껴지기는 처음이었다. 그동안 우리가 함께했던 수많은 여행에서 잘 경험하지 못했던 차별을 느꼈던 아내도 처음에는 그냥 가자며 나를 말렸지만, 기죽지 않고 당당히 할 말을 한 나에게 잘했다며 나를 응원했다.

그래, 이제 한 방 먹였으니 시원하게 맥주나 한잔하고 기분 좋은 여정을 시작하자며 다음 목적지로 향했다.

독일의 '족맥'을 즐기다, 클로스터 호프(Klosterhof)

클로스터호프(Klosterhof)는 관광객들은 많지 않고 현지인들이 즐겨 찾는 독일 요리와 맥주를 파는 곳이다. 가게의 위치도 관광객들이 지나가며 들르는 곳이 아니었다. 나는 가게 오픈 시간보다 미리 도착해 주변을 둘러보기로 했다. 군이 새로운 관광지를 찾아 여행 동선을 만들 필요는 없었지만, 기왕에 시간도 남고 하니 가게 주변에 있는 괴테 생가와 유로 타워를 둘러보기로 했다. 한국이든 외국

이든 '누군가의 생가'라 하면 늘 기대에 미치지 않아 실망을 했기에 큰 기대감 없이 그곳으로 향했다. 문호 괴테의 생가 역시 '아, 이곳이 괴테 생가구나' 하는 정도의 감흥이었고, 유로 센터 역시 프랑크푸르트에 다녀왔다는 인증샷 정도의 의미 외에는 별다른 감흥이 없는 장소였다.

드디어 클로스터호프에 도착하니 아직 문이 굳게 잠겨 있었다. 몇 걸음 옆의 테라스 쪽으로 들어가서 매장으로 들어가니 세 명의 직원이 담배를 피며 시간을 때우는 모습이 보였다. 먼저 큰 소리로 인사하며 가게 안으로 들어갔는데, 직원 중 그 누구도 아무런 반응을 하지 않아 머쓱해졌다. 그 정도로 분위기가 싸했다. 다시 큰 소

리로 '헬로'라 말하니, 세 명중 한 명이 응대했다. 그에게 오픈했냐고 물으니 아직 시간이 안 됐다고 하며 밖에서 기다리라고 말했다. 시간을 확인하니 오픈 1분 전이었다. 그렇게 다시 밖으로 나와 가게 오픈을 기다리기로 했다. 한 3~4분을 기다리니 오픈했다며 들어오라는 직원의 안내를 받아 테라스에 앉았다.

이곳에서는 슈바이네학센과 소시지, 사우어크라우트를 주문했다. 슈바이네학센은 독일에서, 특히 바이에른에서 유명한 전통 요리로 슈바이네학세, 슈바이네학센, 학세, 학센, Schweinshaxe, Schweinshaxn, Sauhax, Sauhaxn 등 다양한 이름으로 불리는 요리다. 일반적으로 학센은 돼지의 족을 소금과 향신료로 며칠간 염지한

후에 흑맥주와 함께 삶아내고 다시 오븐에 구워 만들어 낸다. 이렇게 만든 학센은 속은 부드러운 햄과 같고 겉은 바삭하여 보통 감자 요리나 양배추 절임 사우어크라우트와 함께 서빙된다. 사우어크라우트는 얇게 채 썬 양배추를 소금에 절여 발효시킨, 우리로 치면 김치와 같은 독일 음식이다.

주문한 학센과 소시지, 사우어크라우트가 함께 나왔다. 우선 맥주는 이곳의 하우스 맥주인 빈딩(Biding) 필스 스타일의 맥주와 프랑크푸르트 대표 맥주인 쉐퍼호퍼(Schofferhofer) 헤페바이젠 두 잔을 먼저 주문했다. 필스 스타일 맥주는 필스너 스타일 맥주로 체코 필젠 지역의 필스너 스타일과의 상표권 분쟁 관계로 독일에서는 '필스' 스타일로 표기한다.

　맥주가 나오고 요리가 나오는 사이, 계속 손님들이 들어와 넓은
야외 테라스는 금세 만석이 되었다. 맛집은 맛집인가 보다. 대부분
의 테이블에서는 별도의 안주 없이 맥주만 주문해 마시고 있었다.
유럽에서는 안주 없이 맥주만 마시는 모습은 흔히 볼 수 있는 모습
이다. 이는 우리의 음주 문화와는 다소 차이가 있다. 첫 두 잔의 맥
주는 정말 맛있었다. 얼마만에 마시는 제대로 된 맥주인가 싶었다.
열처리, 필터링하지 않은 소위 진짜 '생맥주'였다. 홉과 맥아의 밸
런스가 역시 달랐다.

　인터넷의 글들을 보면 외국에서 마시는 맥주가 차갑지 않다는
불만아닌 불만을 종종 볼 수 있다. 사실 외국에서는 우리나라만큼
맥주를 차게 마시지 않는 문화다. 맥주를 너무 차게 마시면 맥주 본

연의 맛과 향을 잘 느끼기 어렵기 때문이다. 라거 맥주의 경우 대부분 4~6도, 에일 맥주의 경우 7~8도 이상으로 제공된다. 우리나라의 대형 양조장의 라거 맥주는 특별한 풍미도 향도 없기에 오로지빨리, 또 차갑게 마실 수 있는 마케팅을 오랫동안 펼쳐 왔다. 때문에 얼음처럼 차가운 맥주에 익숙해져 있는 우리나라 사람들에게 유럽의 맥주 온도는 미지근하게 느껴질 수밖에 없다. 탄산을 강하게주입하여 톡 쏘는 맛을 강조하고, 밋밋한 맛을 감추기 위해 더 차갑게, 더 빨리 마시게끔 하는 마케팅을 한 탓에 맥주 본연의 맛을 느껴볼 기회조차 없었기 때문이다.

하지만 이와 달리 유럽에서 제공되는, 우리나라 펍에서는 상상도 할 수 없을 정도의 미지근한 온도의 맥주 맛을 느껴보면, 〈난 참 바보처럼 살았군요〉라는 노래의 한 구절이 절로 생각날 것이다. '맥주가 무슨 맛이 있어? 그냥 마시는 거 아니야?'라며 소맥을 말아왔던 수많은 이들이 '아~ 맥주에도 맛이 있구나!'라는 걸 절실히 느끼게 될 것이다.

우리나라에서도 학센을 먹을 수 있는 곳이 한두 곳씩 생겨나고 있다. 학센도 지역마다, 매장마다 다소 다른 레시피로 요리를 한다. 이곳의 학센은 나이프가 헛돌 정도로 바싹하게 구워진 껍질에, 안의 속살은 풀드 포크처럼 부드럽게 살점이 뜯어져 나왔다. 칼로 살

을 베어낼 필요 없이 포크로 찍어서 뜯어먹을 수 있을 정도로 부드러웠다. 오랜 염장을 거쳐 햄처럼 살이 단단해지고 짠맛이 강한 학센이 아니라, 속살의 간이 약하고 부드러우면서 겉은 바삭한 맛이 정말 일품이었다. 소시지와 함께 나온 사우어크라우트 또한 일품이었다. 적절한 온도에 염도, 그리고 입안 고기의 느끼함을 잡아주는 새콤함과 허브의 상큼함이 절묘했다.

빈딩(Binding) 헤페 바이스, 둔켈 라거, 이렇게 두 가지의 맥주를 추가로 주문했다. 우리 테이블에서 거의 다른 테이블 서너 개의 매출이 나왔다. 갑자기 두 직원 중 중년 여성(아니, 주인이었을까?)의 입에

서 유창한 영어가 터져 나왔다. 음식은 어떤지, 맥주는 어떤지, 어디에서 왔는지 등을 물으며 갑작스러운 환대를 하는 게 아닌가? 역시 'Money talks', 돈 앞에 장사 없구나 싶었다. 조금 전 한 동양 중년 아재를 향했던 그 차가움은 어디로 갔단 말인가? 그래! 어차피 즐기러 온 여행, 더 쓰고 대접받자고 맘먹고 샐러드와 맥주 두 잔을 추가로 주문했다.

독일에서의 첫 맥주는 정말 성공적이었다. 의도했건 아니건 충분히 기분 좋은 대접도 받았다. 독일을 비롯한 유럽 대부분의 나라에서 팁 문화는 미국처럼 보편화되어 있지 않다. 주로 관광지에서 관광객들을 상대로 팁을 은연중에 요구하거나 포함하는 경우가 많다. 하지만 난 오랜 세월 여행을 다니며, 호텔이건, 음식점이건 팁에 인색하게 굴지는 않는다. 내가 호텔 경영을 전공하고 미국과 스위스 호텔에서 근무한 경험도 있거니와, 누군가가 나의 뒤에서 불만의 목소리를 내는 것도 싫고, 나와 한국에 대해서 나쁜 이미지를 갖는 것도 싫었기 때문이다. 불과 몇 달러, 몇 유로면 충분히 대접받을 수 있고, 그게 소소한 민간 외교라고 생각했다. 15%의 팁을 주고 결재를 마치고 나니 역시나, 내가 가게에 들어올 때와는 확실히 다르게, 직원들의 얼굴에 수많은 근육이 분주히 움직이고 있었다. 기분 좋은 경험이었다. 맛 좋은 음식과 훌륭한 맥주와 환대를 뒤로하고 그곳을 떠났다.

독일 속으로 한 걸음 더, 뉘른베르크

독일을 여행하는 이들이라면, 특히 맛집 기행이나 맥주 여행을 하는 이들이라면 독일의 대표요리인 학센이나 뉘른베르크의 브랏부어스트는 필수 아니겠는가? 어느 지역에서나 부어스트 소시지를 판매하지만 그래도 뭐니 뭐니 해도 뉘른베르크의 브랏부어스트는 따라잡을 수 없다.

그렇게 나는 유레일패스에 뉘른베르크로의 일정을 적고 기차에 올랐다. 기차 안은 많은 사람으로 거의 만석이었다. 그곳에는 어떤 소음도 느낄 수 없는 차가운 적막감이 흘렀다. 독서를 하는 여행객의 책장 소리가 다 들릴 정도였다. 누구 하나 전화 통화하는 이도 없었다. 이는 우리의 전철에서의 모습과는 아주 다른, 낯선 모습이었다. 그때 갑자기 자리에서 일어나 열차의 연결 지점으로 나가는 젊은이가 눈에 띄었다. 전화가 오니 객실 밖 통로에서 통화를 하기 위해 나간 것이다. 통로 유리문의 안내를 보니, 내가 탄 객실은 조용히 해야 하는 칸이었다. 이런 문화도 작은 배려지만 좋은 것 같다는 생각이 들었다.

뉘른베르크도 역시 어느 곳을 가든 가볍게 맥주 한잔하는 이들을 쉽게 볼 수 있었다. 레스토랑, 펍, 노상 카페, 아니면 그냥 광장 바닥이든 어디서라도 가볍고 즐겁게 맥주를 즐기는 이들을 어렵지 않게 발견할 수 있었다.

뉘른베르크의 크리스마스 마켓은 세계적으로 유명한 마켓이지만, 크리스마스 시즌이 아닌 한여름의 마켓은 주로 과일과 채소를 파는 상인들과 간단한 기념품을 파는 상인들을 볼 수 있다.

첫 번째 목적지인 알트슈타트호프(Altstadthof) 브루 펍으로 향하는 길에는 크고 작은 맥주 펍들이 즐비했다. 어디서도 여유롭게 맥주 한잔 즐기는 독일인들의 한가로운 오후가 참으로 인상적이었다. 특히 펍들이 모여 있는 골목에 앉아서 별다른 안주 없이 맥주 한잔하며 담소를 나누는 모습이 더욱 정겨워 보였다.

독일 소시지의 매력에 빠지다, 알트슈타트호프(Hausbrauerei Altstadthof)

알트슈타트호프에서 주문한 뉘른베르크 브랏부어스트(Nuremberger Bratwursts)와 로트비어(Rotbier), 슈바르츠비어(Schwarzbier)는 정말이지 잔잔한 감동의 물결이었다. 그릴에 구워진 소시지를 한입 물었을 때 가장 먼저 떠오른 생각은 '아, 더 큰 사이즈로 주문할걸!'이었다. 지금까지 맛보아왔던 브랏부어스트와는 비교할 수 없는 촉촉함과 쫀득한 육질, 그리고 허브의 아로마가 모든 돼지의 잡내를 날려버린 환상의 조화, 거기에 이 집만의 독특한 사우어크라우트가 입안을 완전히 리셋 해주는 그 느낌! 정말 '바로 이 맛'이었다! 다른 곳에서 맛보았던 브랏부어스트는 다소 퍽퍽하거나 좀 끊기는 식감이 있었던 곳도 있고, 알게 모르게 돼지고기의 냄새가 다소 거슬렸던 곳들도 있었는데, 이곳의 소시지는 정말이지 가장 잘 조화롭고, 먹는 순간 '아, 두고두고 생각이 나겠구나'라는 말이 절로 나왔다.

하지만 정작 이 감흥을 거드는 것은 그리 차갑지도 않은 로트비어(Rotbier), 구릿빛 보디의 뉘른베르크 전통 맥주였다. 맥아의 구수함이 그대로 느껴지며, 몰트에서 느껴지는 은은한 달콤함과 적당한 탄산, 부드러운 목 넘김과 은은한 홉의 뒷받침, 모든 밸런스가 정말 최고였다. '바로 이거지, 이 맛에 브루 펍의 맥주를 마시는 거지!' 하는 감탄사가 절로 나왔다. 독일을 대표하는 다크 맥주 스타일의 하나인 슈바르츠비어(Schwarzbier) 또한 입안 가득한 몰트의 아로마와 부드러움이 일품이었다. 그동안 공장의 강한 탄산압으로 인위적으로 만들어진 톡 쏘는 맛의 라거에 익숙해져 있는 이들에게는 다소 약한 탄산감으로 느껴질 수 있겠으나, 정말이지 너무나 부드러운 느낌의 다크 비어 캐릭터를 충실하게 살려낸 맥주였다.

정말 맛있는 소시지와 맥주만큼이나 나를 놀라게 했던 것이 있다. 그건 바로 사이드로 같이 나온 통밀빵이었다. 겉보기에는 짙은 갈색의 여느 통밀빵과 다를 바가 없었다. 사우어 홀 그레인 브레드에 버터를 바르지 않고 맨 빵 그대로 한입 베어 물면, 시큼함이 혀에 침을 고이게 하고 통밀과 빵 효모의 구수한 향이 입안에 퍼졌다. 맥주를 양조하는 곳에서 만드는 빵이라 효모와 곡물의 특성을 참 잘 살려낸 빵이었다. 그리고 또 하나, 살짝 소금 간을 하여 볶아낸 맥아가 기본 안주로 세팅되어 있었다. 구수한 맥아를 천천히 씹으며 맥주를 즐길 수 있다. 주변 어디든 둘러봐도 맥주를 즐기는 이들로 가득한 이 골목길에서 어떤 맥주를 마신들 맛이 없을 수 있을까?

생 제발트 교회 옆,
소시지 가게(Bratwursthausle bei St. Sebald)

브랏부어스트하우스리 바이 생 제발트(Bratwursthausle bei St. Sebald),
발음도 쉽지 않은 긴 이름의 소시지 전문 맥주 펍이다. 가게 이름을
번역하면 '생 제발트 교회 옆 소시지 집' 정도가 되겠다. 투허 바이
젠(Tucher Weizen)은 뉘른베르크 지역을 대표하는 맥주 중의 하나로
국내에서도 대형마트 등에서 어렵지 않게 구할 수 있어 즐기던 맥
주였다. 독일 전역에서 맥주 광장이나 어느 도시를 간들 어떤 맥주
를 못 마시겠느냐마는, 그래도 그 도시에서 도시의 대표 양조장 맥
주를 마셔야 제맛이 아니겠는가? 크리스마스 마켓 플레이스에서
구시가를 걷다 보면 쉽게 찾을 수 있는 위치에 넓은 테라스에서 맥
주를 즐기는 이들이 가게의 간판과 배너가 되어 준다. 거기에 큼지
막하게 붙어있는 투허 바이젠 사인과 파라솔들이 맥주 애호가들을
부른다.

이곳은 간판 이름에서도 나오듯이 브랏부어스트 소시지를 전문으로 하는 맥주 펍이다. 당연하게도 이 가게의 시그니처 메뉴는 소시지다. 하지만 온라인에서 검색한 바로, 이곳의 학센 비쥬얼은 이전에 내가 맛보아 왔던 다른 곳의 그것과는 달라 꼭 시도해 보고 싶은 욕심이 생겼다. 여기저기 검색한 결과로는 상당히 수긍되는 비평들이 있었다. 그 비평은 단순히 개인의 주관적인 경험을 바탕으로 한 네거티브라기보다 공감이 되는 내용들이었다. 하지만 나는 직접 경험하는 것이 중요하기에 일단 펍으로 향했다.

태라스 자리는 맥주만 마실 수는 없었고 음식을 주문해야 한다고 했다. 펍 비즈니스에서 테라스 자리는 중요하기 때문에 충분히 받아들일 수 있는 조건이었다. 어차피 우리는 이곳의 브랏부어스트와 학센, 그리고 맥주를 즐기러 간 것이기에 문제될 것도 없었다. 보통 레스토랑은 홀의 구역을 나누어 담당 서버들이 자신들이 전담할 구역을 정한다. 그런데 이곳은 얼핏 보기에도 그런 구역 정리가 안 된 것 같았고, 주문을 받는 직원을 만나기도 쉽지 않았다.

어렵사리 브랏부어스트와 학센, 투허 바이젠을 주문했다. 보통다른 곳에서는 메인 요리를 주문하면 사이드로 빵이 같이 나오는데, 이곳에서는 빵을 별도로 주문해야 했다. 주문한 빵은 바구니에다양한 종류로 담겨 나왔다. 그런데 다른 테이블을 지켜보니, 바구니가 비워지기도 전에 얼른 다른 테이블로 옮기는 모습이 자주 보였다. '빵이 나오면 접시에 미리 옮겨 담아 놓아야겠다'라는 생각이 절로 들었다. 물론 더 필요하다고 이야기하면 빵을 더 내어 주긴 하겠지만, 고객들에게는 다소 당황스럽고 불편한 방식으로 제공됐다. 물론 매장을 운영하는 처지에서는 빵을 더 효율적으로 제공하여 불필요한 식자재 비용을 절감할 수는 있겠지만, 이런 방식이 익숙하지 않은 이들에게는 다소 불편할 수도 있는 방식이었다.

어쨌든 역시나 이곳의 브랏부어스트는 이름값을 했다. 짜다는 온라인 평들이 많았지만, 원래 외국의 소시지들은 우리나라 제품들보다 많이 짜다는 것을 감안해야 한다. 고기의 보존성을 높이기 위해 강한 염장을 했던 것이기 때문에 대체로 소시지, 햄 등의 종류는 아주 짜다고 보면 된다. 이곳 소시지의 특징은 직화 그릴링에서 나오는 스모키함이다. 가공육에 인위적으로 스모키 향료를 사용하는 사례도 많지만, 이곳의 소시지는 직화구이에서 나오는 스모키한 향을 느낄 수 있었다. 빵에 싸서 먹고, 맥주와 함께 먹기에 오히려 적당한 염도였다. 일단 브랏부어스트는 성공적이었다.

다음은 왠지 모르게 〈반지의 제왕〉에서 '골룸'을 연상시키는 비주얼의 학센이었다. 첫눈에 보기에도 돼지 족의 껍질은 다소 물컹물컹해 보였다. 보통 학센은 염지 숙성한 돼지의 족을 향신료와 함께 흑맥주에 삶아 내어 겉껍질에 칼질이 힘들 정도로 오븐에 바싹 구워낸다. 그런데 이곳의 학센은 오븐에 굽지 않고 삶기만 하여 제공됐다. 껍질 부분을 조금 잘라 입에 넣고 씹어 봤는데, 다행히도 생각했던 것만큼 거부감이 있는 식감은 아니었다. 하지만 내가 개인적으로 좋아하는 바삭한 식감은 아니기에 패스하기로 했다. 본격적으로 내부의 살을 분해하여 한입 먹어 보았다. 강한 염장과 오랜 숙성으로 탄력 있는 햄의 식감을 가진 잘 염지된 유럽식 통다리햄의 맛이었다.

프랑크푸르트에서 맛본 학센과는 완전히 다른 느낌으로, 같은 이름의 음식이었지만 또다른 맛의 요리였다. 어느 것이 더 맛있다고 결론짓기는 어렵지만, 껍질을 제외한 속살의 느낌은 맥주 안주로는

그만이었다. 특히 투허 바이젠 특유의 향기로움과 청량감이 너무나 잘 어울렸다. 전반적으로 무뚝뚝하고 다소 퉁명스러운 직원들의 태도에도 맥주와 음식의 맛이 다른 불편함을 상쇄해 주었다. 계산을 위해 한참 기다리다 웨이터에게 계산서를 요구했다. 계산서를 들고 온 직원은 현금 결제만 가능하다고 말했다. 현금만 가능하다면, 처음 자리에 앉았을 때 알려주어야 하지 않았을까? 왜 처음에 알려주지 않는지, 요즘 카드를 받지 않는 곳이 어디 있는지 이야기했지만, 웨이터의 퉁명스러움에 우리의 즐거움을 망치고 싶지 않아, 그냥 현금으로 지불하고 그곳을 떠났다.

나름 뉘른베르크에서 소문이 나고 장사가 잘 되는 곳이어서 그런지 배짱 영업이라는 느낌을 받았다. 하지만 이런 부정적인 생각으로 소중한 시간을 방해받고 싶지 않았다. 좋은 기억만 가져가면 된다.

그런 생각을 뒤로 하면, 뉘른베르크의 느낌은 참 좋았다. 프랑크푸르트와는 다른 더 유럽의 감성을 가진 작은 도시로, 크지 않아 쉽게 돌아볼 수 있는 구시가와 어느 길에서도 쉽게 만날 수 있는 맥주 펍들이 독일 같은 느낌을 한층 더 주는 도시였다. 특히 뉘른베르크의 기름지고 부드러우면서 탱탱한 식감이 환상적이었던 브랏부어스트는 오래 기억에 남을 것 같다.

독일 맥주의 자존심,
바이에른(바바리아)의 뮌헨

뮌헨은 독일 바이에른(바바리아)주의 주도이며, 파울라너, 아우구
스티너, 뢰벤브로이, 호프브로이 등 잘 알려진 맥주들의 생산지이
다. 기차로 40여 분 남짓 달려가면 현존하는 세계 최고의 양조장인
바이엔슈테판 양조장이 있는 프라이징에 도착할 수 있었다. 바이엔
슈테판은 독일 국영 양조장으로, 기네스북에 등재된 현존하는 세계

에서 가장 오래된 맥주 양조장이다. 이곳은 뮌헨 공과대학의 양조학 연구 및 교육기관이며, 세계 최대 규모의 맥주 효모 은행을 운영하여 전 세계 유명 맥주 양조장에 양질의 맥주 효모를 공급하는 곳이다. 맥주를 양조하는 데 있어 양질의 홉과 맥아를 사용하는 것도 당연히 중요하지만, 잡균의 오염 없이 잘 배양된 효모를 사용하는 것도 맥주의 맛에 크게 영향을 준다. 특히 바이에른 지역의 밀맥주들은 양질의 효모에서 기인하는 상큼한 과일 향이 절대적이다. 국영 기업이다 보니 다른 상업 양조장들보다 양적으로 뒤지지만, 생산되는 양보다는 맥주의 전통을 지키며 엄격한 품질 관리를 최우선 경영 과제로 삼는 브루어리다. 이런 이유로 뮌헨 시내에서 다른 큰 규모 양조장의 맥주들보다 파는 곳을 찾기가 쉽지는 않지만, 국내에서도 이미 탄탄한 마니아층을 형성하고 있는 맥주로, 뮌헨에 간다면 독일 전통요리들과 꼭 함께 즐겨봐야 할 맥주이다.

뮌헨 하면 가장 먼저 떠오르는 것은 '옥토버페스트 맥주 축제', '호프브로이 하우스', '아우구스티너 켈러', '마리엔 광장' 등이다. 독일은 어느 곳을 가도 지역별로 자신들의 맥주를 만들고 즐기지만, 특히 바이에른 주는 독일 맥주의 자부심이라 해도 과언이 아니다. 도시의 어느 곳을 거닐든 최상의 맥주를 다양하게 즐길 수 있는 곳들이 산재해 있다.

'천국 옆 맥주 펍',
세계 유일의 공항 양조장

맥주와 음식의 맛을 보기 전이더라도, 머릿속으로 한 번 상상해 보라. 공항에서 맥주를 양조하고 양조된 맥주를 공항의 여행객들에게 제공하는 펍이 있다면 어떨지. 너무나 신선한 아이디어가 아닌가! 뮌헨 국제공항의 브루 펍 에어브로이(Airbräu Next to Heaven)는 독일에 들어오고 떠나는 외국인들에게 가장 신선한 맥주를 즐기고, 좋은 맥주의 추억을 만들어 독일을 떠날 수 있게 배려하여 만들어진 브루어리라고 했다. 맥주 강국의 강한 자부심을 엿볼 수 있는 면모이다. 우리나라라면 공항시설에서의 맥주 양조 시설은 인허가 과정에서의 법적 장벽으로 인해서 상상조차 불가능한 이야기다.

많은 맥주 애호가들에게 뮌헨 하면 가장 먼저 떠오를 곳은 '호프 브로이 하우스'일 것이다. 하지만 뮌헨에 발을 내디디며 바로 독일 맥주의 진면목을 맛볼 수 있는 곳이 공항을 벗어날 필요도 없이 자리 잡고 있다는 사실은 모르는 이들도 많다. 맥주에 목말랐던 독일 인들은 해외여행에서 돌아와서, 독일 맥주의 맛을 꿈꾸며 입국하는 외국인들은 정통 독일 맥주의 진수를 맛볼 수 있는 공항의 브루 펍 이라니! 독일의 얼굴이며 자존심을 건 국제공항의 브루 펍은 정말 이지 자신들이 만들어낸 맥주에 대한 자신감이 없다면 생각할 수 없는 발상인 것 같다.

에어브로이는 실내의 좌석들과 넓은 테라스 좌석이 있으며, 별도 의 벽으로 구분된 내부의 공간도 있다. 공항의 보안 검사를 거치지 않는 구역에 자리 잡고 있어서 공항 이용객이 아니어도 자유롭게 이용할 수 있다. 외부의 테라스는 이른 아침부터 북적이고 있었다. 아침부터 모닝커피처럼 맥주 한잔 즐기며 담소를 나누는 이들을 쉽게 발견할 수 있었다. 내부에서는 양조 시설을 볼 수 있도록 설계되어 있다.

'그래, 아침부터 저먼(German) 스타일로 맥주 좀 마셔보자!'

아침 메뉴로 미트 로프(Meat Loaf)와 프라이드 에그, 독일식 포테이토 샐러드 그리고 프레첼을 주문했다. 미트 로프는 곱게 다진 고기와 채소, 계란 등을 넣고 양념을 하여 식빵 틀 같은 것에 넣고 오븐에 구워내는 요리이다. 맥주는 헬레스 라거와 바이스 비어 모두 언필터드(Unfiltered, 비여과) 맥주로 주문했다. 독일에서 비멸균, 비열처리, 비여과 진짜 생맥주를 마시는 것은 동네 어디에서도 가능하다. 하지만 중요한 건 공항이라는 새로운 장소에서 마신다는 새로움이다.

나온 음식과 맥주의 비주얼은 일단 합격점이었다. 사실, 세계 어느 공항이든지 비싼 임대료로 인해 음식의 질에 관해서는 큰 기대가 없었다. 그저 평타만 쳐 주기를 기대할 뿐이다. 때문에 뮌헨 국제공항의 세계 유일 공항 브루어리라고 하더라도 음식에 대해서는 큰 기대가 없었다. 그러나 반전은 그곳의 음식이 지금까지 먹어본 독일식 포테이토 샐러드 중 최고였다는 점이다. 크리미함과 새콤함이 절묘한 밸런스를 이루며 감자 본연의 맛을 아주 잘 살려내고 있었다. 미트 로프 역시 기본에 충실한 진짜 미트 로프였다. 그리고 갓 구워낸 프레첼 역시 압권이었다. 맥주는 두말하면 잔소리였다. 신선함 그 자체를 머금은 맥주에 공항 펍의 분위기에서 오는 맛이 더해져 'Airbräu Next to Heaven'을 자연스레 외칠 수밖에 없었다.

독일에 발을 내딛는 외국인들과 떠나는 외국인들에게 맥주 강국의 자부심을 뇌리에 깊게 심어 놓는 독일인들의 장인정신에 경의의

박수를 보낸다. 미워하려야 미워할 수 없는 게르만 민족의 자부심
이 느껴졌다. 너무나 유쾌한 취기가 몸의 피로를 감싸주고 몬스터
에너지 드링크의 파워 카페인보다 더 강렬한 에너지를 몸에 불어넣
어 주며 활기찬 하루를 열어 주었다. 다음에 독일을 방문하거나 독
일을 경유해 유럽 여행을 계획할 때는 꼭 뮌헨 공항으로 입국하리
라 마음먹었다.

뮌헨의 관광은
마리엔 광장(Marienplatz)에서부터

　뮌헨에 왔다면 빼놓을 수 없는 랜드마크 중의 하나는 마리엔 광
장이다. 유럽을 여행하다 보면 워낙 메가톤급 성당과 교회들이 즐
비해서, 새로운 곳에 갈 때마다 그 지역의 대성당이나 광장에 들리
는 일은 빼놓을 수 없는 여행의 묘미 중 하나이다. 하지만 여행을
많이 한 이들에게는 서글프게도 더 이상의 큰 임팩트를 주지 못하
는 경우가 있기도 하다. 마리엔 광장에는 뮌헨의 구 시청사, 신 시

청사, 마리아의 탑, 시계탑에서 인형들이 춤을 추는 모습을 보기 위한 인파들, 성 페터 교회 등의 건축물의 경이로움은 물론이거니와, 광장 주변에 산재해 있는 비어 홀, 막시밀리안 명품숍 거리, 빅투알리엔 시장의 볼거리와 먹거리, 카페, 레스토랑, 기념품 가게 등 가게들이 다음 목적지로의 발걸음을 방해한다. 대형 쇼핑몰에서 아내와 식사하러 가는 길이 멀고 험하기만(?) 한 것처럼 앞으로 직진이 사실상 불가능하다. 여기를 돌아봐도, 저기를 돌아봐도, 이리 발걸음을 옮겨도, 저리로 옮겨도 쉽사리 다음 발걸음을 내딛기가 여간 어려운 것이 아니다.

일상 속의 옥토버페스트,
빅투알리엔 시장(Viktualienmarkt)

유럽에서 맥주를 즐길 방법은 너무나 다양하다. 꼭 전문 맥주 펍이나 양조장을 가지 않아도, 발걸음 닿는 모든 곳이 비어 홀이고 비어 펍이 될 수 있다. 마리엔 광장에서 도보로 불과 몇 분도 떨어지지 않은 곳에 빅투알리엔 시장(Victuals Market, Viktualienmarkt)이 있다. 중앙 광장에서는 맥주를 즐기는 이들과 시장에 있는 다양한 가게들, 먹거리들을 만날 수 있다. 특히 말린 소시지, 햄 등을 파는 정육점이 여러 곳에 있다.

마리엔 광장에서 빅투알리엔 시장으로 발걸음을 옮기면 정육점들이 모여 있는 길이 나온다. 이곳에서 말린 소시지나 햄, 미트 로프 등의 먹거리와 맥주를 즐기는 것도 또 다른 매력이다. 가게 내부의 스탠딩 테이블에 서서 고기나 소시지 등을 안주 삼아 맥주를 마시거나 빵으로 샌드위치를 만들어 테이크아웃해 맥주 한잔하는 것도 얼마나 운치 있고 재미있는 맥주 경험인지 모른다. 시장에 있는 많은 상점에서 입맛대로 다양한 먹거리와 맥주를 골라 가게의 테이블이나 스탠딩 테이블에 서서 담소를 나누며 즐기는 이들의 모습, 중앙 광장의 테이블을 가득 메운 인파들이 맛있는 음식과 맥주를 즐기는 모습은 보는 것만으로도 장관이다. 그 인파 속에 하나가 되어 맥주를 즐기면, 특별한 요리가 없더라도 맥주 맛이 절로 훌륭해진다. 역시 맥주는 분위기를 마시는 술이다.

뮌헨은 옥토버페스트 행사장이 아니더라도 가는 곳 모든 곳이 연중 내내 옥토버페스트 분위기이다. 길거리 어느 곳에서도 맥주를 즐길 수 있기 때문이다. 독일인들의 생활과 삶의 일부분이 맥주임을 느낄 수 있는 곳이다.

평소에도 워낙 햄, 살라미, 말린 소시지 등을 좋아했기에, 거리에 즐비한 정육점을 그냥 지나칠 수 없었다. 결국 한 정육점에 들러 로스티드 포크 밸리로 샌드위치를 만들고, 꾸덕하게 잘 말려진, 후추와 허브향이 진한, 말린 소시지와 라들러 맥주를 한 잔 집어 들었다. 라들러 맥주는 자전거를 타는 이들을 위한 맥주라는 뜻이다. 알코올 도수가 낮고 레모네이드와 맥주를 섞어서 상큼하고 취할 걱정이 덜하기에 자전거 라이딩을 할 때뿐만 아니라 무더운 여름에, 일과 중에 가볍게 즐길 수 있는 맥주이기도 하다.

아직도 마셔야 할 맥주가 많았고, 먹어야 할 음식도 많았기에 일단은 에피타이저 정도로 생각하고 한 잔 정도만 즐기기로 했다. 한여름 야외 광장에서 즐기는, 소박하지만 추억에 남을 맥주 한 잔은 고급 레스토랑에서의 여느 정찬이 부럽지 않을 맛이었다. 겉은 크래커처럼 바삭하고 속은 촉촉한 바게트 롤빵에, 쌉쌀한 진짜 머스터드를 바르고 잘 구워진 돼지고기를 얹은 샌드위치는 보기에는 투박해 보이지만, 재료의 기본에 충실한 샌드위치 중의 샌드위치였다.

정육점 천장에 매달려 있던 소시지는 주인장이 이것저것 손으로 눌러 가며 최적의 상태로 말려진 녀석을 골라 준 것이다. 꾸덕꾸덕하고 쫄깃한 식감과 맥주를 부르는 짭조름한 맛, 기름진 고기의 비릿함을 완벽하게 잡아주는 후추와 칠리페퍼, 허브의 강렬함, 그리고 이 모든 것을 어우러지게 하는 맥주 한잔의 맛이란…. 정말 두고두고 간직할 추억의 맛이 될 것 같았다.

뮌헨에 가면 다이어트는 포기하고 가야 한다. 옮기는 발걸음마다 유혹하는 맥주들과 음식들이 넘쳐나기 때문이다. 노상에서 맥주를 즐기는 이들을 보기만 하는 것으로 이미 식욕은 충만해질 수밖에 없다. '그래 먹자, 마시자! 많이 걸어 다니면 되지!'라며 스스로를 위로해 가며 미식 투어를 이어 간다. 정작 가려고 했던 곳은 호프브로이하우스 비어 홀인데, 멀지도 않은 그곳에 가기도 전에 너무나 많은 유혹의 손길들이 기다리고 있었다.

빅투알리엔 시장은 참으로 많은 볼거리가 있다. 노상의 상점들에서는 다양한 물건들을 팔고 있고, 거기서 물건을 사고파는 이들, 먹고 마시는 이들을 구경하는 것만으로도 시간 가는 줄 모른다. 이런 분위기가 너무나 좋았다. 부담스럽지 않고 즐길 수 있는 이런 개방

된 음주 문화가 참으로 부러웠다. 근무 중 점심시간에도 맥주 한잔 즐길 수 있는 생활의 활력소, 부어라 마셔라 죽어보자고 덤비지 않는 느린 음주가 하루의 비타민 같은 존재인 것처럼 느껴졌다.

3천 명이 동시에 즐겨 보자,
호프브로이하우스(Hofbräu München)

　짧지만 긴 유혹의 터널을 지나 마침내 도착한 호프브로이하우스
는 동시 수용인원 3천 명이 넘는 어마어마한 규모의 비어 홀이다.
뮌헨에는 크고 작은 비어 홀들이 많지만 뭐니 뭐니 해도 뮌헨 대표
비어 홀은 '호프브로이하우스'와 '아우구스티너 켈러'다. 호프브로
이하우스의 크고 무거운 출입문을 통과해 들어가면, 바로 우측에
호프브로이하우스 기념품을 파는 상점도 보이고, 홀 내부를 가득

메운, 맥주를 즐기는 이들이 '독일 맥주의 광장에 왔구나!' 하는 강렬한 인상을 준다. 독일 전통의상을 차려입은 서버들의 분주한 움직임, 라이브 연주를 해주는 밴드의 모습도 흥을 돋워 준다.

홀 내부를 따라 주위를 둘러보며 맥주를 들이키는 이들의 모습을 지나 야외 테라스로 나갔다. 테라스를 가득 메운 이들과 올라가는 계단을 따라 2층 테라스까지의 풍경을 보니, 정말이지 맥주 한 잔이 간절해졌다. 방금 맥주를 마시고 몇 분이나 걸었다고 벌써 다시 맥주가 생각나는 것일까? 무슨 마법이라도 걸린 것처럼 독일에서는 하루 종일 맥주 생각이 떠나질 않았다.

TV에서만 보던 맥주를 나르는 웨이트리스의 모습은 경이롭기까지 했다. 1리터 맥주잔은 보기에도 상당히 크고 무겁기 때문이다. 거기에 1리터의 맥주를 채워, 한 손에 네 잔씩, 여덟 잔의 맥주를 가뿐하게 나르는 가냘파 보이는 웨이트리스들의 모습을 보면, 가히 묘기에 가까워 보였다. 크고 두꺼운 잔의 무게도 상당할 텐데, 거기에 맥주까지 채워 저렇게 자유롭게 움직이다니, 참으로 기술이 놀라웠다.

　바이에른 스타일의 다크 라거인 둔켈 라거와 뮌헨너 바이스 밀 맥주를 주문했다. 그리고 맥주와 곁들이는 소시지 플래터, 브레드 버킷을 주문했다. 맥주와 빵은 참으로 닮은 점이 많다. 맥주를 '액체 빵'이라고도 부르지 않는가? 단순한 재료를 가지고 무궁무진할 정도로 다양한 맛, 향, 식감, 색, 모양을 낼 수 있다. 바구니에 담긴 다양한 종류의 빵을 보며, 어떻게 몇 가지 안 되는 재료로 이렇게 다양함을 선사할 수 있을까 감탄할 수밖에 없었다.

　겉은 바삭하고 속은 솜사탕처럼 부드럽거나 젤리처럼 쫀득한 텍스처의 갓 구워낸 빵과 맥주와의 조합에서 올라오는 맥아의 캐릭터는 그 어느 값비싼 요리도 부럽지 않은 맛이다. 잘 구워진 빵 몇 조각만 있어도 잘 빚어진 맥주 맛의 절정을 느낄 수 있다. 빵과 맥주,

어느 것의 가치를 더 쳐주어야 할까? 맥주는 식사 대용으로 빵의 가치를 대신할 수 있지만, 빵은 맥주의 즐거움을 대신할 수는 없지 않은가? 역시 맥주의 승리다.

더 이상 맥주와 페어링하는 안주는 의미가 없었다. 이미 분위기에 취해 모든 것이 맛나고 즐거울 뿐이었다. 밝은 대낮부터 맥주를 즐기는 자연스러운 문화가 부러울 따름이었다. 이곳에서 취하고자 맥주를 마시는 이는 누구도 찾아볼 수 없었다. 하루의 일상에 활력을 주고자 즐길 뿐이었다. 낮의 정취가 이 정도일진대, 일몰 후의 분위기는 어떨까? 밤에 다시 돌아와 분위기에 취하고 싶어졌다.

여행하다 보면 불편한 점도 많고, 예상치 못하게 불쾌한 경험을 하는 경우도 종종 생기게 된다. 하지만 맥주와 함께하기에 그러한 사소한 불쾌함은 잊고 흥을 가지고 움직이게 되는 것 같다. 맛난 음식을 찾아 떠나는 맛집 기행도 좋지만, 맥주와 함께하는 여행은 즐겁기만 하다.

기차 안에서 돌아보는 뮌헨에서의 시간은 애절하고 애잔하기까지 했다. 몇 번이고 다시 돌아오고 싶은 여흥을 남기고 뮌헨을 떠나려니, 새로운 여정에 대한 설렘과 아쉬움이 진하게 교차했다. 다소 투박하고 특별할 것도 없어 보이는 독일의 요리와 맥주들, 정말이지 기본이 중요함을 다시금 깨닫게 된다. 기교보다는 기본에 충실한 음식과 맥주들! 과연 독일인들이 자부심을 가질 만하다. 자기 문화에 대한 깊은 애정과 노력, 그리고 자부심이 넘치는 독일인들의 당당함이 부럽기도 하고 보기 좋았다.

Chapter

2

오스트리아

잘츠부르크부터
비엔나까지

모차르트의 고향,
잘츠부르크

유럽 여행을 하다 보면 그 나라의 수도나 대도시들보다는 중소도시의 정갈함과 고풍스러움이 훨씬 더 매력적이고 이국적이다. 오스트리아 하면 당연히 먼저 비엔나를 떠올리지만, 독일에서 비엔나로 넘어가는 길목의 중소도시이며 모차르트의 고향으로 유명한 잘츠부르크는 숨어있는 매력이 넘치는 도시다. 대도시의 역동적이고 에너지가 넘치는 모습과는 사뭇 다른, 조금 더 정적이지만 고풍스럽고 클래식한 정취가 인상적인 도시 잘츠부르크. 동유럽 여행을 하는 이들이 잘츠부르크에 들르면 빠지지 않는 랜드마크로 당연히 모차르트 생가와 독특한 간판으로 유명한 쇼핑 거리인 게트라이데 거리, 헬브룬 궁전, 호엔잘츠부르크 성, 마카르트 다리, 성 페터 성당을 꼽을 것이다. 어느 곳 하나 놓칠 수 없는 포인트들이다. 급할 것 없는 일정에, 천천히 걸어서 얼마든지 구경할 수 있다는 것은 중소도시만의 매력이다.

　숙소에서 잘자흐 강변을 따라 잘츠부르크 구시가로 향하는 길에는 자전거를 타며 한가로운 오후를 즐기는 이들과 자전거로 출퇴근하는 이들도 어렵지 않게 발견할 수 있다. 잘차흐 강을 남북으로 연결하는 몇 개의 다리가 있지만, 그중에도 많은 관광객의 포토존인 곳은 당연히 마카르트 다리이다. 이제는 국내는 물론이고 해외에서 많은 곳에 형형색색의 자물쇠가 있는 곳들이 많아서 별로 특별할 것도 없지만, 그래도 유명 관광지에 왔다 갔다는 발자취 인증샷 한 방은 빼놓을 수 없는 듯하다.

　아내와 혹은 연인과 함께하는 여행에서 쇼핑의 거리를 피해 가
기란 참으로 쉽지 않다. 꼭 무엇인가를 사지 않더라도 관광객들의
시선을 사로잡기에 충분히 잘 정비된 거리와 매력적인 인테리어,
그리고 상품의 구성은 그 자체만으로도 여행의 재미이며 볼거리이
다. 특히 잘츠부르크의 게트라이데 거리는 골목골목 고풍스러운 상
점들이 즐비하고, 중세에 글을 모르는 이들이 물건을 사기 쉽도록
가게의 판매하는 물건을 이미지로 형상화한 독특한 철재 세공 간판
들이 장관이다. 우리나라 상가건물의 누더기 같은 간판을 보면 한
숨부터 나오지만, 이 거리의 간판들은 그 하나하나가 예술 작품이
다. 길고 가느다란 골목골목, 고풍스러운 중세의 건물들과 하나로
조화되는 간판들, 그 속을 걷고 있노라면 어느새 나도 모르게 타임
머신을 타고 중세유럽에 와 있는 느낌이다.

사실 잘츠부르크에 맥주를 즐길 수 있는 곳이 아주 많고, 특히 맥주 애호가라면 절대 지나칠 수 없는 곳이 있다. 아우구스티너 양조장 비어 홀이다. 'Augustiner Braugasthof Krimpelstätter'와 'Augustiner bräu – Kloster Mülln'은 두 곳 모두 맥주를 즐기기에는 최고의 장소이다. 아우구스티너 브라우가스트호프는 조금 더 분위기 있고 아름다운 테라스 정원에서 직원들의 서빙을 받으며 편하게 맥주를 즐길 수 있다. 또한 관광객들보다는 현지인들이 압도적으로 많고, 이른 저녁에도 만석이 되어 발걸음을 돌려야 하는 경우가 많다.

축제 같은 아우구스티너
수도원 양조장 비어 홀

　관광객들과 한국인들에게 더 잘 알려진 수도원 양조장 비어 홀, 'Augustiner bräu – Kloster Mülln'은 더 큰 규모에 독특한 서비스 방식으로 운영된다. 야외의 테라스나 건물 내부의 테이블에 알아서 자리를 잡고 다양한 음식 부스에서 음식을 구매하고, 맥주는 맥주 부스에서 구매하여 자리로 가져와서 즐기는 방식이다. 우리나라 쇼핑몰의 푸드코트 같은 서비스 방식이라고 생각하면 된다. 먼저 계

산대에서 맥주 요금을 지불하고 그 영수증을 지참한다. 그리고 선반에 진열된 세라믹 맥주잔을 집어 들고 줄을 서서 기다리다, 자신의 차례가 오기 직전에 물로 잔을 헹구어 영수증과 함께 직원에게 건네주면 맥주를 따라 준다.

　우리나라는 맥주잔을 냉장고에 보관하거나 심지어는 냉동실에 보관하여 맥주를 따랐을 때 살얼음이 얼 정도로 아주 차갑게 잔을 보관한다. 하지만 맥주가 얼 정도로 잔을 차게 하면, 맥주가 얼면서 수분과 맥주의 다른 성분이 분리되어 맛의 밸런스가 깨져 맥주의 참맛을 느낄 수 없다. 차가운 수돗물에 맥주 머그잔을 헹구는 것은 적당히 차가운 온도로 맥주잔을 식혀 주고 또한 잔의 내부에 물을 묻혀서 맥주를 따를 때 과도하게 거품이 생성되는 것을 막기 위한 것이다. 맥주의 거품은 맥주를 맛있게 즐기기 위한 아주 중요한 요소이지만, 과한 거품은 맥주 내부의 탄산을 너무 많이 기화시켜 탄산감이 떨어지는 김빠진 맥주가 될 수 있기에 이를 조절하기 위해서 잔을 물로 헹구는 것이다.

　음식을 판매하는 1층의 야외 부스와 건물 내부 2층 부스에서는
여러 가지 다양한 먹거리를 판매하고 있다. 고객은 원하는 음식을
골라 해당 부스에서 계산하고 음식을 받으면 된다. 한국인은 보통
안주가 필수적이고, 가끔은 안주를 먹기 위해 술을 마시는 것처럼
음식을 많이 먹는다. 그에 반해 외국에서는 안주 없이 맥주만 마시
는 경우가 아주 많다.

　야외 테라스 자리는 해가 지기도 전에 이미 만석이었다. 건물 내
부의 2층에 자리를 잡고, 맥주와 간단한 스낵을 주문했다. 맥주는
마르첸 비어를, 그리고 생감자를 얇게 썰어 튀긴 감자칩을 주문했
다. 마르첸은 '3월'이라는 뜻이다. 마르첸 비어는 3월에 양조하여
10월 옥토버페스트에서 즐기는 독일 바이에른 지역의 맥주 스타일

이다. 이 맥주는 짙은 호박색의 묵직한 바디감을 주는 라거로 몰트의 성격이 강하며, 일반적인 페일 라거와는 사뭇 다른 맛과 향을 가지고 있다. 맥주 그 자체만으로도 별다른 안주가 필요 없지만, 아주 얇게 썰어 바삭하게 튀긴 감자에, 충분한 소금기가 짭짤하게 뿌려진 칩이 맥주를 더욱 부르게 만들었다.

역시, 맥주는 분위기로 마시는 술이다. 비어 홀 내부와 외부를 꽉 메운 인파 속에서 즐기는 맥주는 무조건 옳았다. 자리에 앉은 이들, 스탠딩 테이블에 서서 즐기는 이들, 맥주를 들고 서서 오순도순 이야기를 나누며 즐기는 이들, 바로 이곳이 맥주의 천국이고 옥토버페스트 축제장이었다. 공장에서 나오는 감자칩과는 태생이 다른 진짜 감자칩의 고소함과 맥주의 조합은 참으로 단순하면서도 너무나 조화로운 궁합이었다.

먹어야 할 음식도 많고, 마셔야 할 맥주도 많았다. 늘어가는 뱃살도 걱정이었지만, 참으로 행복한 고민이었다. 때문에 매 일정에서 웬만하면 교통수단보다는 두 다리에 의존하여 여행 일정을 소화하고 있었다. 바로 체중 관리를 하며 맥주를 즐기기 위해서다. 하루 평균 최소 15km 정도는 걸으며 칼로리를 태우며 맥주를 즐겼다. 같은 맥주를 마셔도 이런 분위기에서 마시는 맥주와 집에서 마시는 맥주의 맛이 어찌 같을 수 있겠는가? 맥주는 나에게 주는 소소한 보상이다. 하루를 시작하며 힘내라고, 하루를 마무리하며 수고했다고 토닥여 주는 당근이며 비타민이다.

　모든 일정을 마치고 한국에 돌아와 책을 쓰는 이 순간에도 그 현장의 유쾌한 기억이 입안의 침샘을 자극하고 맥주 한잔을 기울이게 만든다.

　오스트리아와 독일은 국경을 맞대고 있는 이웃 나라지만 맥주를 즐기는 문화는 다소 차이가 있었다. 독일에서는 언제 어디서든 아침부터 맥주 한잔 즐기는 모습이 그냥 일상이고 생활의 일부였다면, 잘츠부르크에서 맥주를 즐기는 모습은 조금은 더 울타리 안에

서 맥주를 즐기는 것처럼 느껴졌다. 분명 두 나라의 맥주 문화에는 차이가 존재했다. 좋고 나쁘고의 문제가 아니었다. 그저 각기 다른 새로운 즐거움이었다.

소문난 잔치에 먹을 것 없다, 비엔나의 립

오스트리아의 수도 비엔나로 향하는 기차에 올라 빈 좌석을 찾던 중, 가운데 테이블이 있는 서로 마주 보는 4인 좌석에 앉았다. 우리 부부의 맞은편에는 중년의 부부가 앉아 있었다. 음악의 도시답게 마주 보는 같은 좌석 맞은편에서 중년 여성 작곡가는 작곡을 하고 있었고, 그녀의 남편으로 보이는 이가 노트북 컴퓨터를 이용하여 아내가 적어 내려가는 곡조를 컴퓨터 프로그램을 이용하여 재

생을 해 보는 듯했다. 나는 여행 에세이를 집필하기 위해, 어제 일정의 키포인트를 정리하고 있었고, 아내는 사진을 정리하고 있었다. 여행 순간순간의 감흥이 희미해지기 전에 포인트를 정리해 두지 않으면, 그 생생함을 다시 떠올리기에 다소 감각이 무뎌질 수 있기에, 여정 이동 중에 항상 이렇게 정리를 하곤 했다. 내가 먼저 부부에게 말을 건넸고, 다행히 영어를 하는 부부는 환하게 웃으며 대화를 받아 주었다. 오스트리아 중년 부부와 음악에 관한 이야기, 맥주에 관한 이야기를 나누었다. 여행지에서 새로운 이들과의 조우, 소담 또한 잔잔한 흥분이며 재미였다.

비엔나에는 워낙 아름다운 볼거리도 많다고 했지만, 실상 대도시에 대한 큰 기대는 하고 있지 않았다. 프랑스 여행에서도 가장 기억에 남지 않고 감흥이 없었던 도시가 파리였기 때문이다. 그렇다고 비엔나에서 펼쳐질 새로운 여행이 기다려지지 않는 것은 아니었다. 언제나 미지의 장소에서 마주하게 될 풍경과 음식, 문화, 사람들에 대한 설렘으로 아드레날린이 분비되기 때문이다.

우선 폭립과 슈니첼을 먹고 힘을 내서 비엔나 시내의 명소들을 섭렵하리라 마음먹고 발걸음을 옮겼다.

요즘엔 인터넷 블로그나 맛집 사이트들의 후기가 너무 왜곡되어 있고, 광고 홍보성인 경우가 많다. 또한 특정 비전문 인플루언서들에 의해 잘못된 정보들이 증폭되고 전해지는 경우도 많아서 매의 눈을 가지고 정보를 검색하려고 노력하는 편이다.

그러던 중 비엔나에 가면 꼭 먹어봐야 할 폭립 맛집으로 '립스 오브 비엔나'에 대한 포스팅이나 리뷰를 어렵지 않게 찾아볼 수 있었다. 반신반의하는 마음으로 오스트리아에서의 폭립은 '립스 오브 비엔나'에서 먹어 보기로 했다.

금강산도 식후경이라 하지 않았는가? 비엔나의 궁전도 식후경이다. 구글맵을 따라 '립스 오브 비엔나'를 찾아가는 길에 갑자기 왠지 모를 불안감이 뇌리를 스쳐 가며 살짝 뒷머리가 당기기 시작했다. 왠지 맛집이 있을 것 같지 않은 주변 분위기였다. 인적도 드물고 상권이 발달한 곳도 아니었다. 한 걸음씩 가까워질 수록 불안한 느낌이 조금씩 강해졌다. 그래도 '원래 맛집은 이런 외진 곳에 자리하고 손님들이 찾아오는 거지!'라고 스스로에게 최면을 걸며 목적지에 도착했다. 매장 오픈 시간보다 15분 늦게 도착했는데, 이미 홀은 만석이었고 대기하는 인원도 이미 아주 많았다. 매니저에게 얼마나 대기하면 되느냐고 물으니, 더 이상 대기 리스트에 이름을 올릴 수 없고 1시 30분 이후로 예약을 하라고 하여 이름을 적었다. 만석에 대기 손님이 넘쳐나는 식당인데도 왠지 모를 불안감이 지속됐다. 매장에는 현지인, 또는 유럽인들은 단 한 명도 보이지 않았기 때문이다. 한국인들과 중국인 관광객들이 대부분이었다. 오스트리아, 유럽의 대표 음식을 파는 곳인데, 정작 현지인들을 구경조차 할 수 없다니…. 블로그, 트립어드바이저 등의 온라인 매체를 이용해 엄청난 광고를 한 것이 아닐까 불안감이 들었다. 그러면서도 '시간이 너무 일러서 그럴 수도 있겠지'라고 스스로를 안심시키며 주변 거리를 관광하기로 하고 자리를 떠났다.

외진 거리를 빠져나오면서도, 그곳을 향해 구글맵을 켜고 지도를 따라가는 중국인, 한국인들의 끊임없는 행렬을 목격할 수 있었다. 이제는 불안이 현실이 되어 가는 듯했다. 오스트리아의 대표 맛집 립을 맛보기 위해 허기진 배를 부여잡고, 탈진 지경에 이르렀지만 제대로 된 립을 맛보기 위해 참기로 했다. 다리가 후들거리며 당이 떨어진 것 같은 느낌이 와서 길거리 편의점으로 들어가 플레인 요구르트로 빈속을 달랬다.

한 기념품 가게에 들어가니, 그럴듯한 목재 도마와 치즈 칼 세트가 눈에 들어왔다. 그런데 유럽의 물가를 고려할 때, 현실 불가능한 가격표가 눈에 들어왔다. 그리고 가격표 아래에는 'Made in PRC'라고 적혀 있었다. 참으로 속 보이는 상술이었다. 'Made in China'라고 하면 구매욕이 떨어지니, 'PRC, People's Republic of China'의 약어 표기로 중국산임을 눈가림식으로 속이려 한 것이다. 아니나 다를까 자세히 보니 나무판도 원목이 아닌 조각이나 톱밥 등을 압축시켜 만든 나무에, 그럴듯하게 칠을 한 것이었다. 역시 관광지는 조심해야겠다고, 그리고 중국산 제품의 얄팍한 상술도 조심해야겠다고 느꼈다.

구경을 마치고 마침내 비엔나의 대표 폭립 맛집이라는 립스 오브 비엔나로 다시 향했다. 역시 입구부터 대기하는 손님들이 북적였고 홀도 꽉 차 있었다. 그런데 오전과 마찬가지로 현지인들은 단 한 명도 찾아볼 수 없었고, 한국인들과 중국인들만 가득 채우고 있었다. 관광객들 모두 온라인 정보를 보고 온 듯했는데, 음식을 즐기고 있는 표정이 그다지 밝아 보이지 않았다. 테이블에 나온 음식도 그리 식욕을 돋우는 비주얼도 아니었다. '나갈까? 말까?'를 몇 번 고민하다, 일단 이것도 경험이라고 도전해 보기로 했다. 배는 소 한 마리도 잡아먹을 만큼 고팠지만, 일단 '립스 오브 비엔나', 립 요리 하나만 주문하고, 맥주는 'Kaiser Premium, Edelweiss wheat beer'를 주문했다. 카이저 프리미엄은 전형적인 필스너 스타일 라거로 지퍼, 슈티글 등과 같이 대표적인 오스트리아 맥주이다. 에델바이스는 국내에는 주로 'Snowfresh'가 많이 알려져 있는 쉽게 접할 수 있는 밀맥주로, 독일식 밀맥주와는 달리 밀과 보리맥아 외에 시럽과 허브 등이 첨가된, 향이 좀 더 강한 밀맥주이다.

기다리고 다시 찾아온 보람이 있기를 바라며 주문한 요리가 나왔을 때, 비주얼이 상당히 건조해 보이고 퍽퍽해 보였다. 칼로 한 점 썰어 입에 넣는 순간 몰려오는 실망과 분노란 정말 말로 표현할 수가 없었다. 그냥 마트에서 파는 즉석식품 백립을 전자레인지에 가열한 듯한 맛이었다. 당연하게도 실망감이 밀려왔다. 립의 사이즈도 그렇고 건조하고 퍽퍽한 텍스처에 윤기 없는 미지근한 폭립은 정말이지 허무하기까지 했다. 맥주 한 잔씩을 비우고 절반도 먹지 않은 폭립은 남겨둔 채로 서둘러 자리를 떠났다. 미안하지만 다시 기억하고 싶지 않은 경험이었다.

여행이란 어차피 새로운 곳에서 새로운 경험을 하는 것이고, 어떤 오감의 경험이 내 앞에 기다리고 있을지 모르는 설렘과 긴장감이 묘미 아니겠는가? 기대만큼이나 혹은 기대 이상으로 좋은 경험을 심어주는 곳도 있고 그렇지 못한 곳들도 모두 어우러져 여행의 기억과 추억을 만들어 준다. 어차피 오지 않았어도 미련이 남았을 곳에서의 만족스럽지 못한 경험도 소중한 추억으로 만들어야 하는 것은 내 몫이다.

슈테판 광장에서 '길맥'

맥주 한잔하며 떠도는 여행의 묘미 중 하나가 사전에 계획하지 않은 곳에서, 길거리에서 우연히 마주치는 풍경, 먹거리가 정말 기대 이상일 때의 그 만족감이 아닐까 한다.

오스트리아 비엔나 도시 중앙의 슈테판 성당이 있는 슈테판 광장에 들어서면, 잘 보전된 구시가와 현대적 상점들이 조화를 이루고 있는 모습을 발견한다. 그곳은 관광객들로 활기가 넘쳐나며 본격적인 비엔나 관광의 시작점이라고 할 수 있는 곳이다. 슈테판 대성당 또한 규모가 웅장하여 카메라 앵글에는 한 번에 잘 잡기도 어렵다. 매끈하게 잘 빠진 말들이 끄는 관광 마차들이 줄지어 관광객을 맞이하고 있고, 거리 골목골목마다 다채로운 가게들과 카페, 레스토랑이 즐비했다.

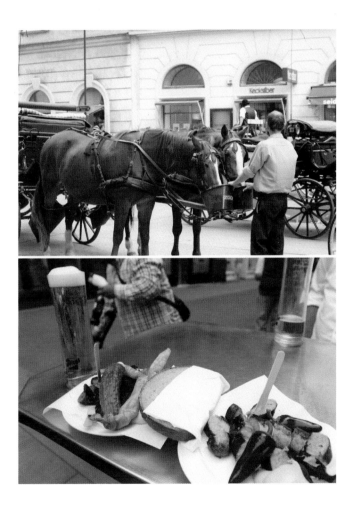

그중에서도 거리 중간중간에 있는 소시지 스탠드에 길게 늘어선 줄과 맥주와 소시지를 즐기는 인파가 시선을 사로잡았다. 소시지는 말할 것도 없지만 소시지와 함께 즐기는 피클의 비주얼이 예사롭지 않았다. 그래서 비엔나 슈테판 광장에서 '길맥'을 즐겨 보기로 했다. 워낙 장사가 잘되니 음식이나 맥주의 신선도는 말할 것도 없을 것이기에, 그릴에 잘 구워진 화이트 소시지, 매콤한 폴리시 소시지와 슬라이스 빵 그리고 통 오이와 고추가 먹음직스러운 피클을 주문했다. 머스터드나 케첩도 별도로 내야 한다. 맥주는 오스트리아의 대표 맥주 중 하나인 슈티글 라거 탭으로 주문했다. 육즙이 팡팡 터지며 매콤한 맛이 일품인 소시지와 보기만 해도 식욕을 돋우는 피클이 맥주를 마구 부르고 있었다. 스탠딩 테이블에서 모르는 이들과 함께 서서 즐기는 맥주 맛은 색다른 즐거움이었다. 가능하기만 하다면 커다란 유리 항아리에 담겨 있던 피클을 등에 지고서라도 한국으로 가져가고 싶었다. 소시지도 예사롭지 않은 맛이었지만 피클이 메인 디쉬가 된 것 같았다. 게다가 맥주도 그저 그 흥을 더할 뿐이었다. 소소하고 소박한 길거리 음식과 맥주가 나의 혈액 속에 힘을 불어넣어 주어 이제 막 완충된 배터리처럼 힘이 넘쳐났다.

슈테판 광장에서 케른트너 거리를 따라 국립 오페라 하우스로 가는 길은 비엔나 관광의 전부라 해도 과언이 아니었다. 왕궁 정원, 호프부르크, 국회의사당 등 명소들을 두루 구경하며 이동할 수 있는 동선으로, 멋들어지고 고풍스러운 옛 건축물들의 아름다움은 물

론이고 거리 곳곳에 즐비한 상점들 역시 관광객들의 발걸음을 사로

잡았다.

김치 에일?
1516 브루잉 컴퍼니(1516 Brewing Company)

　　오스트리아는 아무래도 맥주보다는 와인이 더 잘 알려져 있고, 일상에서도 독일만큼 맥주가 소비되는 나라는 아니다. 하지만 그래도 곳곳에 제법 훌륭한 맥주 펍들이 숨겨져 있다. 1516 브루잉 컴퍼니는 비엔나에서 꽤 잘 알려진 맥주 펍이다. 이곳은 그들만의 독특한 레시피로 빚어낸 다양하고 색다른 스타일의 비멸균, 비여과 라거들과 에일들을 탭으로 즐길 수 있는 곳이다. 맥주 스타일이나 이름들을 보면, 상당히 도전적이고 톡톡 튀는 맥주들로 색다른 맥주 경험을 할 수 있는 곳이다.

　그곳의 헤드 브루어의 이름을 딴 'Andy's Mango Sour' 에일과 'Kimchi blub', 'blub Spiced Sour Porter'의 두 가지 독특한 에일과 슈니첼, BBQ 버펄로 윙을 주문했다. 망고 사우어 에일은 망고의 상 큼함과 사우어 에일의 새콤함이 절묘했고 김치 스파이스드 사우어 포터는 사우어 포터와 함께 김치의 매콤함을 느낄 수 있는 아주 독 특한 경험이었다. 슈니첼은 보통 송아지고기, 돼지고기, 닭고기 등 을 얇게 저며서 계란, 밀가루, 빵가루를 입혀 튀겨낸 후 빵, 밥, 감 자 등과 같이 먹는 대표적인 오스트리아 요리이다. 우리의 돈가스 와 비슷하며 고기를 얇게 튀겨낸 요리다. 제대로 된 돈가스에 비하 면 식감이나 고기의 육즙 등이 그리 매력적이지는 않기에 임팩트 가 있는 요리는 아니다. 다만 그 지역의 대표 음식이기에 한 번쯤

맛보는 요리라고 생각하면 좋다. 큰 기대 없이 접근하면 큰 실망도 없을 요리다.

BBQ 소스에 버무린 버펄로 치킨 윙은 기성 제품 소스가 아닌 하우스 메이드 소스의 독특한 맛이 맥주와 잘 페어링 되며, 윙과 같이 나오는 웨지 컷 감자는 보통 음식점에서 나오는 냉동 웨지 감자와는 확연히 다른 식감이 있다. 감자 본연의 맛을 아주 잘 살려주는 기본에 충실한 감자튀김이 버펄로 윙보다 더 손이 가고 맥주를 불렀다. 펍의 실내 분위기와 테라스 테이블의 분위기도 좋았고 직원들의 영어도 유창하고 친절했다. 대량 생산하는 브랜드 맥주가 아

닌 소규모 브루어리에서 만드는 독특한 스타일의 맥주를 즐길 수 있는 편안한 분위기의 맥주 펍이다.

피할 수 없는 쇼핑의 유혹,
판도르프 디자이너 아웃렛

이번 여정 처음으로 비가 내렸다. 그것도 꽤 적지 않은 양의 비가 내렸다. 하늘이 도왔다고 해야 하나? 이날 일정은 공교롭게도 쇼핑을 위해 하루를 계획해 놓은 날이었다. 어차피 비가 오니 다른 일정을 소화해 내기도 무리였는데, 내심 다행이라는 생각이 들었다. 프랑크푸르트에 내린 후 줄곧 이상 기온일 정도로 날씨가 추웠다. 바람막이 점퍼를 입어도 찬 공기가 피부에 닿는 것이 여간 거슬리는 것이 아니었다. 핑계 김에 패딩 점퍼나 조끼를 구매해야겠다고 마

음먹었다.

　비엔나에 오는 많은 관광객, 특히 여성 관광객들이 빠지지 않고 찾는 곳 중의 한 곳이 판도르프 디자이너 아웃렛이다. 비엔나 도심에서 기차로 30여 분 정도 떨어진 소도시 판도르프에 위치한 아웃렛으로, 판도르프 역에 내리면 역과 아웃렛을 수시로 운행하는 택시를 이용하면 5분 이내에 도착할 수 있다. 동유럽 최대의 아웃렛 매장으로 동양인 관광객들은 물론이고 유럽 현지의 관광객들도 많이 찾는 곳이다. 이미 온라인상에 많은 후기가 올라와 있지만, 많은 아웃렛 매장들이 그러하듯 신상이나 인기 제품들을 찾으려 한다면 다소 실망할 수 있다. 그냥 다소 저렴한 가격에 시즌이 지난 제품들을 구매할 수 있다고 생각하고 그에 민감하지 않은 사람들이 가보는 것이 좋다.

쇼핑도 힘이 있어야 맘껏 돌아다닐 수 있으니, 우선 에너지를 보충해야 하지 않겠는가? 웬만해서는 쉽게 접근할 수 없는 절인 청어 필레를 넣은 샌드위치와 샐러드 랩, 그리고 오스트리아의 카스 맥주라 할 지퍼 라거를 탭으로 주문했다. 절인 청어의 비릿함은 익히 잘 알고 있지만, 그래도 한 번 먹지 즐겨 먹을 건 아니니 더블 필레로 주문하여 두 조각의 절인 청어를 넣은 샌드위치를 주문했다. 엄청나게 호불호가 갈릴 광적인 음식 중의 하나인 절인 청어, 딱히 먹기 힘든 정도는 아니었지만 그렇다고 군이 일부러 시켜 먹을 맛도 아니었다. 더군다나 그걸 샌드위치로 먹는다는 게 우리 음식 문화와는 다소 괴리감도 있었다. 끝 맛의 비릿함 때문에 뭔가 강력한 탄산이 들어와서 입안을 헹궈 줘야만 할 것 같은 느낌이 들었다.

역시 필스너 스타일의 맥주가 딱 맞다. 지퍼 필스의 톡 쏘는 탄산감과 홉의 쌉쌀함이, 절인 청어의 물컹한 식감과 빨리 잊고 싶은 비릿함에서 오는 식감을 청량감 있게 헹구어 주었다. 역시 음식에 어울리는 맥주는 다 따로 있는 법이다. 비도 많이 오고 바람도 많이 부는 쌀쌀한 날씨에 차가운 샌드위치에 차가운 맥주까지 뭔가 부조화스러운 조합이었지만, 몸속으로 들어간 맥주의 도움으로 다소 체온이 올라감을 느낄 수 있었고, 힘을 내어 넓디넓은 아웃렛을 탐험할 수 있었다.

수제버거의 끝판왕,
멜스 크래프트 비어(Mel's Craft Beers)

우리나라는 맥주 하면 무조건 치킨, '치맥'의 문화가 절대적이기는 하지만, 언제부터인가 피자와 맥주의 조합 '피맥'을 거쳐 버거와 맥주를 함께 즐기는 '버맥' 문화도 빠르게 자리 잡으면서 수제버거와 수제 맥주를 전문으로 하는 트랜디한 매장들도 빠르게 늘어났다. 버거와 맥주의 페어링은 치킨과는 비교할 수 없을 정도로 찰떡궁합이다. 버거 번의 곡물 캐릭터와 그릴에 잘 구워진 고기 패티,

싱싱한 채소, 소스, 치즈 그리고 함께 서빙되는 감자튀김까지. 어떤 스타일의 맥주를 불문하고 페어링할 수 있는 최고의 맥주 안주 요리가 바로 버거다.

나는 20평이 안 되는 매장에서 월 매출 1억 2천의 신화 같은 기록을 가지고 있는 '이태원 더 버거'의 초대 대표이사이며 메인 셰프다. 우리나라 소비자를 공략할 수 있는 버거를 연구 개발하기 위해 안 다녀본 버거 집이 없으며, 보광동 옥탑방에 버거 연구 주방을 만들어 놓고, 버거만을 고민하고, 구글을 통해 전 세계의 버거들을 연구하고 만들어 브랜드를 론칭했다.

자타 공인 국내 버거 전문가로서 멜스 크래프트 비어의 버거는 이제까지 먹어 봤던 버거들과는 차원이 다른, 한번 맛보면 결코 잊지 못할 임팩트를 뇌리에 새겨주는 버거였다. 이곳의 맥주 라인업도 가볍게 즐길 수 있는 대중적인 맥주들부터 마니아들을 겨냥한 맥주들까지 탭과 병으로 족히 2~300가지는 넘는 맥주를 구비하고 있는 것 같았다. 맥주 마니아라면 맥주를 즐기러, 버거 마니아라면 버거를 즐기러 발품 팔아 올 충분한 매력이 있고, 진정한 '버맥'을 즐기는 이들에게는 환상적인 맥줏집이다.

　　우리가 주문한 버거는 그릴에 구운 왕새우와 체다 치즈 그리고 바싹하게 구워진 베이컨, 채소들이 타르타르소스와 감자튀김과 같이 서빙되는 'Surf N Turf' 버거였다. 그리고 훈제 연어 샐러드와 6 가지 탭 맥주를 맛볼 수 있는 비어 테이스팅 랙(샘플러)을 주문했다. 맥주는 탭 리스트에서 6가지를 고르면 테이스팅 글라스에 서빙되고 레귤러 사이즈로 원하는 맥주를 주문해서 즐겨도 된다. 버거가 서빙되었을 때 그 비주얼은 정말 압도적이다.

하지만 아직 놀라기에는 이르다. 나이프로 버거 번의 사이즈보다 한참이나 더 크고 두툼한 패티를 갈라 보면, 그 엄청난 사이즈에 놀라지 않을 수 없다. 직화 그릴이 아니라 그리들(팬)에서 구워낸 패티의 사이즈를 보면 그릴에 구울 수 없는 이유를 알 수 있었다. 패티가 워낙 크고 두꺼워서, 상업용 주방에서 그릴로 속까지 익혀 내기에는 사실상 불가능했다. 대충 보기에도 4~500그램은 충분히 넘고도 남을 패티 사이즈를 보면, 기존의 버거들과는 사실상 비교 불가했다. 우리나라 수제버거 전문점들이 보통 120~140그램의 패티를 사용하고 패스트푸드점 패티는 60~110그램 정도의 패티를 사용하는 점을 고려하면 가히 몬스터 급 패티였다. 패티의 사이즈도 사이즈이지만, 육즙이 살아있고 부드러운 식감과 신선한 채소, 기름

오스트리아 : 창조경제부터 빈터까지

기 쪽 빼고 바싹하게 구워진 베이컨, 잘 녹아 흐르는 체다 치즈, 식감 살아있는 그릴에 구워진 왕새우들, 거기에 소스까지 어느 것 하나 흠잡을 것이 없었다. 버거에 사용된 번은 플레인 번으로 버거 재료 하나하나의 맛을 살려내기에는 설탕과 버터의 함량이 높은 브리오슈 번보다는 좋은 선택이었다. 그리고 함께 서빙되는 감자튀김은 껍질을 제거한 웨지 컷 스타일 감자로 두툼하게 썰어서 바싹하게 튀겨져 음식을 먹는 동안에도 쉽게 눅눅해지지 않았다. 신선한 채소에 훈제 연어, 생 허브가 토핑된 연어 샐러드 또한 일품이었지만, 버거의 임팩트에 감탄사가 그치질 않았다. 4시 이전 주문은 런치 스페셜로 종류에 무관하게 수제버거와 탭 맥주 세트로 단돈 10유로라는 믿기지 않는 가격에 즐길 수 있었다.

6가지 다른 스타일의 맥주를 테이스팅 한 후에 못내 아쉬워 분 크릭(Boon Kriek)과 비버타운 감마 레이(Beavertown Gamma Ray) **Tropical Pale Ale**을 추가로 주문했다. 크릭은 오픈 탑 발효조에서 자연 발효한 람빅에 체리를 넣고 2차 발효 숙성을 거친 프룻 람빅 스타일 맥주로 디저트용 맥주로도 제격이다. 트로피컬 페일 에일은 열대 과일의 아로마를 재현해 주는 호피함이 일품인 영국 토트넘에서 생산되는 아메리칸 스타일의 페일 에일이다.

미국에서 10년을 넘게 생활한 나는 미국식 영어가 확실히 편하다. 아무래도 영국식 악센트, 비영어권 유럽인들의 영어는 다소 불편하다. 그런데 그곳에서 완벽한 미국식 영어를 구사하는 여직원 덕분에 고향에 온 듯한 푸근함을 느꼈다. 다행히 바쁘지 않은 시간에 가서, 여직원과 이런저런 이야기를 나눌 수 있었고 맥주를 좋아하면 꼭 가봐야 할 곳이 있다며, 'Beer Lovers'라는 바틀숍을 추천해 주었다. '멜스 크래프트 비어'에서 판매하는 많은 맥주도 '비어 러버스'에서 구매한다고 했다. 이곳에서의 '버맥'은 잊지 못할 추억이 되었다. 가까운 곳에 이런 천국이 있다면 완전 단골이 될 텐데, 아쉬움을 남기고 멜스 크래프트 비어를 떠났다. 일 년 내내 매일 방문해도 다 맛보지 못할 맥주 라인업과 아무리 먹어도 질리지 않을 버거의 인상이 오스트리아의 아름다운 건축물과 명소의 추억을 쓰나미처럼 덮어 버렸다. 맥주는 언제나 옳다, 그리고 버거도 언제나 옳다. '버맥'은 진리다.

비엔나 맥덕들의 성지, 비어 러버스(Beer Lovers)

독일과 비교하면 맥주에 관한 한 큰 기대를 하지 않고 떠난 오스트리아 여행이었다. 하지만 오스트리아에서의 맥주 경험은 독일과는 사뭇 다른, 하지만 절대 뒤지지 않는 즐거움이었다. 아기자기하고 조금 더 섬세한 맥주의 즐거움을 비엔나에서 즐기고 있었다. 비어 러버스(Beer Lovers)에 없는 맥주는 아마도 오스트리아에서는 없는 맥주라 해도 틀리지 않을 법했다. 넓은 매장을 가득 메운 선반을 빼곡히 채우고 있는 전 세계의 크래프트 비어들을 보고 있는 것만으로도 흥분 그 자체였다. 상온 선반에 보관하고 있는 맥주들이 어림잡아 2~3천 가지는 쉽게 넘을 듯했다. 그리고 유리로 된 워크인 냉장실 안으로 들어가면 그 안쪽에만도 2~3백 가지는 넘을 라거와 페일 에일들이 진열되어 있었다. 맥주는 물론이고 관련 소품들, 책자 그리고 양조에 관련된 비품, 재료들도 판매하고, 교육이나 시음

회 등이 가능한 세미나실 공간도 준비되어 있다.

어쩌면 맥덕들에게는 천국이 아니라 위험한 곳일지도 모른다. 끝도 없이 다양한 맥주에 저렴한 가격까지, 여기서 넋을 잃고 이것저것 맥주를 담다 가는 언제 지갑을 털릴지 모를 곳이기 때문이다. 이 많은 맥주의 재고를 관리하고 상미 기간을 관리하며 비즈니스를 운영한다는 것이 경이로울 따름이었다. 눈 호강은 넘쳐나지만 무거운 맥주를 사서 들고 다닐 수도 없고, 결국은 숙소에서 마실 맥주 3병만 사고 아쉬움을 뒤로한 채 맥주의 천국을 떠날 수밖에 없었다. 내 마음속에서 맥주에 관해서는 오스트리아가 너무나 저평가되어 있었음에 미안한 마음을 가졌다.

현지인들의 놀이터,
나슈마르크트(Naschmarkt) 재래시장

비엔나의 웅장한 건축물, 게른트너 거리의 화려한 가게들과 다른,
좀 더 서민적이고 현지인들의 생활 속으로 들어가 볼 수 있는 곳은
나슈마르크트 재래시장 벼룩시장이다. 전철 U4 Kettenbrückengasse
역에서 내려 약 1.5킬로미터에 걸쳐 펼쳐진 가판대와 상점들은 다
양한 채소, 과일은 물론이고 말린 소시지, 치즈, 향신료, 빵, 피클류
등의 식재료, 생필품 등을 판매한다. 그리고 전 세계의 다양한 음식

을 즐길 수 있는 매장들이 즐비하다. 퇴근 후 세계 각국의 독특한 음식과 와인 또는 맥주를 가볍게 즐기는 이들의 여유로움을 만끽하고 하나가 될 수 있는 너무나 편안한 분위기의 시장은 정말이지 장관이다. 어느 도시에 가든, 새로운 도시에서 그 지역을 대표하는 재래시장을 구경하는 재미는 언제나 새롭고 즐겁다.

비엔나의 나슈마르크트는 특히 노상의 카페와 음식점들이 참 다양하게 구색을 갖추고 어떤 이의 입맛도 만족시켜줄 다양한 선택지를 제공해 준다. 이곳에서 느낄 수 있는 정취는 관광객들을 위한 관광지가 아닌 현지인의 삶의 일부에 녹아들어 가는 경험이라 더욱

정겹고 감미롭다. 음식점의 노상 테이블에서 이국적인 음식과 맥주를 즐기는 것도 매력적이고, 치즈나 말린 소시지를 파는 판매대 옆 작은 테이블에 걸터앉아 치즈와 소시지를 안주 삼아 즐기는 맥주 또한 아무것도 부러울 것 없는 금상첨화이다.

이번에는 아무런 요리 없이 맥주만 한잔 즐기며, 현지인들의 여유로움을 함께하기로 했다. 두 개의 오스트리아 대표 맥주인 슈티글 바이오 츠비클 병맥주(Stiegl Paracelsus Bio-Zwickl), 그리고 필라허 필스(Villacher Pils) 맥주는 탭으로 주문했다. 츠비클 스타일의 맥주는 독일의 켈러 비어와 마찬가지로 필터링하지 않아 자연적으로 탁한

색감이 특징인 맥주 스타일이다. 잔에 따라진 외관만으로는 헤페
바이젠과 흡사한 색감과 탁도를 나타낸다. 슈티글 바이오 츠비클은
유기농 보리 맥아와 밀을 사용하여 양조한 맥주로 필터링 없이 유
통하여 자연적인 탁한 바디를 지닌 맥주이다.

비엔나 현지의 군중들 속에 하나 되어 노상 카페에서 마시는 맥주에 무슨 안주가 필요하며, 어떤 맥주인들 무슨 상관이겠는가? 바쁠 것도 급할 것도 없는 그들의 삶의 여유와 우리만의 자유여행을 떠나는 구속 없는 자유 일정 속 유랑자의 여유가 한 공간에서 어우러져 소소한 맥주 축제의 장이 열리고 있었다.

비엔나에서의 마지막 여정을 가벼운 맥주 한잔과 함께 한없이 여유롭게 즐기며, 다음 날 아침 떠날 새로운 미지로의 여행에 대한 설렘과 흥분으로 새로운 여정을 준비하고 있었다.

Chapter

3

슬로바키아의
브라티슬라바와
헝가리의
부다페스트

영화 〈호스텔〉의 공포감은 잊어라, 브라티슬라바

　아직도 체코와 슬로바키아를 체코슬로바키아 한 국가로 알고 있는 이들이 많다. 심지어는 얼마 전에 논란이 된 것처럼, 외교부 직원조차도 체코슬로바키아로 알고 외교적 결례를 범하기도 했다. 특히 연배가 있는 중, 장년층에서는 더욱 그렇다. 하지만 슬로바키아는 1993년 체코슬로바키아 연방에서 분리 독립되어 체코와 슬로바키아는 별개의 다른 국가이며, 슬로바키아의 수도는 '브라티슬라바'다. 조금은 생소할 수 있는 도시인데, 호러 영화 〈호스텔〉의 배경이 슬로바키아의 브라티슬라바이다. 그 영화의 충격적인 장면들이 워낙 깊이 뇌리에 남아서인지 왠지 모르게 선입견이 있었다.

하지만 영화 속에 묘사된 엽기적이고 광적인 미치광이 살인마들의 이미지와는 달리 브라티슬라바 구시가의 모습은 너무나 평화롭고 아름다운 동유럽 소도시 모습의 전형이었다. 구글맵이 없어도 굳이 길을 잃을 이유도 없고, 길을 잃었다 한들 몇 걸음 걷다 보면 다시 방향을 찾을 수 있는 작지만 아름다운 구시가였다. 빨간색 관광 열차와 잘 보존된 소도시 구시가의 어울림, 그리고 노상 카페에서 일상을 즐기는 이들의 해맑은 미소가 참으로 인상적이었다.

벨기에 브뤼셀에 '오줌싸개 소년' 동상이 있다면, 브라티슬라바에는 '츄밀(Chumil)' 동상이 있다. 맨홀 구멍에서 나와 도로에 팔을 걸치고 휴식을 취하는 배관공의 모습인데, 우리나라 온라인에서는 지나가는 여성들을 쳐다보는 '변태 아재'라는 억측의 해석으로 더 많이 알려져 있다. 이곳을 찾는 관광객들에게는 브라티슬라바에 다녀갔다는 인증샷을 찍는 기념비적인 장소이고, 동상의 코를 만지며 행운을 기원하는 이들도 많아서, 동상의 코 부분은 반짝반짝 빛나고 있다. 또 하나의 브라티슬라바의 인증샷 장소는 미카엘 문(St. Michael's Tower)이다.

독일이나 오스트리아보다 확연히 저렴한 물가의 아름다운 소도시 구시가에서 쇼핑과 맛난 음식, 맥주와 함께 여유를 즐겨 보는 것은 또 다른 색깔의 즐거움이다.

구시가 골목의 옥석 같은 비어 홀,
슬라도브나(Sladovňa)

　작은 구시가의 좁은 골목 안쪽에 숨겨진 맥주 애호가들의 보석 슬라도브나(Sladovňa). 동유럽 전통요리를 전문으로 하며, 10여 가지의 직접 양조한 비여과 비멸균 하우스 맥주가 탭으로 서빙되며, 그 외에 게스트 탭 맥주들도 서빙된다. 골목 안쪽의 고즈넉한 테라스 테이블은 물론이고 건물 내부 1, 2층의 홀 공간도 고풍스러운 벽돌과 나무로 고급스럽게 마감되어 맥주를 즐기기에 최적화된 인테리

어를 자랑한다. 화장실 문, 내부의 작은 소품 하나하나도 주인장의 세심한 손길이 많이 간 흔적을 쉽게 느낄 수 있었다.

이곳에서 우리가 주문한 요리는 비프 타르타르(Beef Tartare), 바비큐 립(Roasted BBQ Ribs), 피클, 하우스 맥주 4종 샘플러였다. 비프 타르타르는 허브와 함께 버터에 구워진 바게트가 같이 나오는 애피타이저로 우리나라 육회와 비슷하다고 보면 된다. 신선한 소고기의 텐더로인(Tenderion) 안심 부위를 잘게 다져서 소금, 후추, 올리브유, 마늘, 양파 등의 양념으로 버무려 바삭하게 구워진 바게트 위에 얹어 먹는 애피타이저 요리다. 고기가 신선하지 않으면 위험하기도 하지만, 고기의 비린내나 잡내 때문에 식욕을 떨어트릴 수도 있고, 갈변된 고기의 피 색깔 때문에 누가 봐도 신선하지 않음을 금세 눈치 챌 수 있다. 이곳의 비프 타르타르는 통마늘과 양파, 다진 파를 충분히 넣어 우리 입맛에 더 잘 맞았다. 버터에 바삭하게 구워진 바게트 위에 얹어도, 그냥 포크로 떠먹어도 입에서 부드럽게 녹아드는 신선한 소고기의 담백함이 일품이었다.

슬라도브나의 바비큐 립은 비엔나 '립스 오브 비엔나'에서의 실망감을 보상해 주기에 충분했다. 넉넉한 사이즈의 립에 부드럽게 뼈와 분리되는 살의 육질과 입안에서 씹혀 넘겨지는 식감이 좋았고, 충분한 소스에 촉촉함도 잃지 않았다.

또한, 바비큐 립의 화룡점정은 얇게 채 썰어져 나온 생 홀스래디
시였다. 홀스래디시는 서양 겨잣과의 식물로 흔히 훈제 연어를 먹
을 때 같이 나오는 살짝 매콤한 흰색 홀스래디시 소스를 생각하면
된다. 요즘 한국의 일식집들에서는 기존의 가공된 와사비에서 생
와사비를 갈아 제공하는 곳이 많아졌다. 이곳에서도 곱게 갈아서
가공한 홀스래디시 소스가 아닌, 얇게 채 썬 생 홀스래디시가 입안
을 개운하게 씻어주며, 위액을 자극하여 식욕을 돋워 준다. 직접 구
워낸 홀 그레인 브레드(Whole Grain Bread, 통밀빵)도 구수하다는 말이
정말이지 딱인 투박스러운 시골 느낌의 빵이다. 벨 페퍼와 통 오이
로 만들어 병에 담겨 나오는 피클 또한 그 자체만으로도 맥주 한 잔
은 거뜬히 비워낼 훌륭한 요리였다.

그리고 주인공인 맥주, 우리가 선택한 네 가지의 맥주는 모두 이곳에서 양조한 맥주로, 스타우트, 아메리칸 페일 에일, 아이피에이, 비엔나 라거 이렇게 다른 스타일로 주문했다. 유럽의 일부 국가들이나 중국 등을 여행하다 보면 맥주 알코올 도수를 우리와 다르게 표기하는 것을 볼 수 있다. 예를 들면 10°, 11°, 12° 등 우리가 흔히 보는 4.5% 5.0% 등과는 다른 표기방식이다.

우리는 보통 '알코올 몇도'라고 말을 하므로 맥주가 11도, 12도 라면 엄청 강한 맥주구나 하고 착각할 수 있는데, 사실은 그렇지 않다. 앞의 표기방식은 플라토 디그리(Plato Degree)로 표기하는 방식으로 맥주의 발효 전 원액인 맥즙의 당 농도로 표기하는 것이고, 우리가 흔히 쓰는 ABV(Alcohol By Volume) %는 발효 후 완성된 맥주의 알코올 함량을 부피로 표현하는 방식이다. 우리는 ABV 방식에 익숙해 있으므로 플라토 표기방식의 알코올 도수는 감이 잘 오지 않을 것이다. 맥주를 즐기는 일반인들에게 도움이 되는 아주 대략적인 환산 방법은 플라토 디그리에 약 0.4 정도를 곱해 대략적인 ABV %를 구하는 방법이다. 따라서 12°로 표기된 맥주라면 약 5% 내외의 알코올 도수를 가지고 있는 맥주라고 생각하면 된다. 따라서 플라토로 표기된 맥주를 보고 독한 맥주라고 지레 겁먹을 필요가 없다.

　몰트의 캐릭터가 잘 느껴지는 연한 구릿빛 바디의 라거에서 느껴지는 미세한 호두의 아로마와 홉의 쌉쌀함이 전반적으로 잘 균형잡힌 비엔나 라거, 짙은 구릿빛 보디에 캐러멜 향이 풍부하게 느껴지는 엠버 라거, 비여과 비멸균의 묵직함과 리치함이 일품인 스타우트, 열대과일, 시트러스, 꽃향기, 허브의 아로마가 조화로운 아메리칸 스타일 페일 에일, 이렇게 선택된 네 가지의 맥주는 역시 오늘의 주인공이었다. 좋은 맥주와 훌륭한 요리, 고풍스러운 건물에서 느껴지는 유럽의 정취, 역시 여행에 있어서 맛난 음식과 맥주는 에너지 부스터임을 부인할 수 없다.

직접 만든 햄, 소시지, 빵, 맥주
Bratislavský Meštiansky Pivovar

큰 기대도 없었던, 그저 오스트리아에서 체코 프라하로 가는 길
목에 잠시 들르려 했던 슬로바키아 브라티슬라바에서 의외의 보석
들을 찾았다. 이름도 어려운 'Bratislavský Meštiansky Pivovar 브루
어리'에서 운영하는 브루 펍 레스토랑이다. 어차피 길 가는 이들을
붙잡고 가게 이름을 대고 길을 물어보는 시대도 지나, 구글맵이 이
끄는 대로 따라가면 천국들이 기다리고 있는 시대가 됐다. 게이트

를 지나면 앞에 탁 트인 넓은 주차 공간과 옆의 정원에 테라스 자리, 그리고 아이들을 위한 놀이터도 있고 정면의 건물로 들어가면 양조 시설까지 한눈에 볼 수 있는 넓은 비어 홀이 펼쳐진다.

"아싸라비야~!" 또 한 번의 탁월한 선택이 될 것 같은 촉이 발동하며 미세한 전율에 살짝 몸에 닭살이 돋았다. 간판을 보니 1752년부터 양조를 해온 양조장에서 운영하는 레스토랑임을 알 수 있었다. 일단 맥주에 대한 걱정은 안 해도 되겠다며 안심할 수 있었다. 메뉴는 영어로 된 것도 있었고, 직원들도 영어를 꽤 잘해서 편하게 주문을 할 수 있었다. 메뉴를 보니 양조장에서 운영하는 펍이지만 음식의 내공도 보통이 아님을 금세 알 수 있었다.

파머스 플레이트(Farmer's Plate)는 직접 만든 헝가리식 염장 건조 소시지와 햄을 얇게 슬라이스 해서 서빙 하는, 맥주와 페어링이 아주 완벽한 고기 디시다. 그리고 훈제 우설(Smoked Beef Tongue), 훈제 한 소의 혀를 얇게 슬라이스 하여 홀스래디시와 머스터드, 매장에서 직접 구워내는 빵과 함께 제공되는 따뜻한 스타터 메뉴이다. 그리고 사이드 오더로 주문한 그린 샐러드와 벨 페퍼 피클. 이곳에서 직접 양조하는 라거와 다크 라거 한 잔씩 주문했다. 맥주 가격도 500ml에 2.30 유로로 참으로 저렴했다.

유럽의 전통이 있는 브루어리들은 모두 그렇겠지만, 이곳에서도 최상의 몰트와 홉을 사용했다. 현대의 양조설비를 이용하여 전통적인 방식으로, 다른 첨가물 없이 발효 시 발생되는 탄산가스만으로 인위적인 탄산 주입 없이 맥주를 만들어낸다고 했다. 그리고 충분한 발효와 숙성시간을 거쳐 더욱 안정적인 맥주 맛을 유지하며, 맥주를 케그에 옮기는 과정이 없이 바로 저장 탱크에서 탭으로 연결하여 맥주를 제공한다.

햄이나 소시지는 공장에서 가공하고 삶거나 증기에 쪄서 멸균하여 유통되는 인스턴트 가공식품이 훨씬 더 저렴한 가격으로 많이 유통되지만, 뭐니 뭐니 해도 소시지나 햄은 염장하여 에어 드라이 에이징 방식으로 건조한 건조 햄, 소시지의 맛과는 비교할 수 없다.

특별한 공정이라기보다는 시간과 자연의 도움으로 건조 숙성되는 과정에서 지방과 단백질이 분해되어 육질이 부드럽고 아미노산이 생성되어 감칠맛이 더해지는 옛날 시골 농부들의 방식으로 만들어진 햄과 소시지는 언제 먹어도 계속 손이 가는 것을 막을 수 없다.

훈제 우설은 소의 혀라고 알지 못하고 먹는다면 전혀 알 수 없고, 오히려 다른 부위의 살에 비해 부드러운 느낌에 놀라게 된다. 원래 마니아들이 좋아하는 특수부위들은 그 맛을 알기 시작하면 중독성이 생기는 것 같다. 아내도 내가 주문을 하고 우설이라고 말을 해주니, 좀 이상할 것 같다며 거부감을 가졌지만, 맛을 보고는 금세 소 혀의 부드러움과 담백한 맛에 빠져들어 갔다.

요리와 맥주, 직접 구워내는 빵 모두 특별한 테크닉이나 첨가물이 들어가거나, 화려한 데커레이션을 자랑하지 않는다. 우리나라도 요즘은 베이킹소다로 단시간에 부풀린 빵이 아니라, 천연발효종을 이용하여 자연 발효시키는 빵이 조금씩 인기를 끌기 시작했다. 이곳의 빵 역시 겉은 바삭하고 속은 촉촉하며 쫀득한 식감에 거친 곡물의 느낌, 그리고 효모의 투박스러운 향이 입안에 퍼진다. 오랜 기다림으로 자연이 만들어내는 유럽 시골 농가의 식탁에서 느낄 수 있는 감흥이 이런 것이 아닐까? 기본에 충실한 모든 것들의 조화가 잔잔한 감동을 준다. 맥주도 미국 크래프트 비어의 실험적이고 도전적인 양조와는 거리가 먼, 그저 옛날 방식의 기본에 충실한 맥주에서 느껴지는 몰트, 홉, 그리고 효모의 밸런스가 참으로 구수했다.

다음 날, 이번 여정 중에 특히 많은 기대를 하는 곳 중의 하나인 헝가리 부다페스트로 떠나기 위해 아쉬움을 남기고 숙소로 향했다. 처음 브라티슬라바 역에 내려서 받았던 영화 〈호스텔〉의 선입견은 언제 그랬냐는 듯 다 사라져 버렸고, 작은 도시 브라티슬라바가 금세 그리워질 듯한 아련함이 마음속으로 파고들었다. 아쉬움을 달래고자, 호텔에 들어가서 가볍게 한 잔씩 더 하기 위해 길가의 마트에 들렀다. 벨기에 트라피스트 맥주는 우리나라의 1/3도 안 되는 가격에 구매할 수 있었다. 마지막 한순간까지 맥주의 추억을 남겨주는 착한 '브라티슬라바'였다. 온라인상에 유명한 곳들에서는 오히려

너무 붐비고 기대 이하의 서비스에 실망한 곳들도 있지만, 관광객
들에게 너무 알려지지 않고 현지인들에게 잘 알려진, 조금은 메인
장소에서 떨어진 곳들의 숨은 내공을 느낄 수 있었다.

다뉴브 강의 추억,
부다페스트

유럽 여행에 있어서, 특히 동유럽 여행에서 최고의 야경으로 유명한 곳은 부다페스트이다. 낮의 아름다움과 밤의 아름다움 모두를 느끼기 위해 같은 장소도 두 번씩 일정을 잡아 여행 계획을 짜야 했다. 부다페스트는 헝가리의 수도로 다뉴브(도나우) 강을 기준으로 좌측의 페스트 지역과 우측의 부다 지역으로 나뉜다. 부다페스트는 어부의 요새, 국회의사당, 부다 왕궁, 바치 거리 등의 볼거리가 이미 온라인에 많은 정보가 있어 그 아름다움에 큰 기대를 하고 열차에 올랐다. 아침 일찍 기차에 올라 부다페스트에 도착하여, 역에서 5분 남짓 떨어진 곳에 예약한 호텔로 향해 짐을 풀고 본격적으로 부다페스트에서의 여정을 시작할 계획이었다.

어느 도시든 그 도시의 얼굴이며 관문은 중앙역이나 공항이다. 그 도시 혹은 나라의 공항이나 중앙역의 시설은 관광객들에게 깊이 심어주는 첫인상이다. 세계 어느 나라를 돌아다녀 봐도 우리나라 인천공항만큼이나 시설 좋고 깨끗한 공항을 찾기가 쉽지 않았다. 공항에서 도심으로 연결되는 철도나 도시의 전철도 우리나라처럼 편리하고 깨끗한 나라를 찾기도 역시 쉽지 않다. 부다페스트 기차역에서의 첫 느낌은 사실 좀 참담한 지경이었다. 역사 내부는 전혀 관리가 되지 않아 녹슬고 초라하기 그지없는, 마치 우리나라 1950년대 역의 모습이라 해도 과언이 아니었다. 부다페스트는 화려한 관광지의 모습 이면에 국가 재정이 어려워 공공시설에 대한 관리가 매우 어렵다는 것을 쉽게 알아챌 수 있었다. 지하도나 지하철 역시 우리나라의 그것과 비교하면 비교할 수 없을 정도로 관리가 되지 않고 있었다. 음침하고 무섭기까지 할 정도의 낙서, 지저분함이 도시의 미관을 해치고, 처음 방문하는 이들의 눈살을 찌푸리게 했다. 아직 호텔 체크인 시간이 안 돼서 짐만 맡겨 두고 본격적인 부다페스트 투어에 나서기로 했다.

교통 패스를 구매하고 먼저 달려간 곳은 마티아스 성당과 성 이 슈트반 동상이 있는 어부의 요새였다. 부다페스트에서 가장 아름다 운 곳 중의 하나로 꼽히는 이곳에서 다뉴브 강 건너의 국회의사당 전망도 아름답고 다뉴브 강을 가로지르는 다리들과 여유로운 유람 선들을 한가롭게 지켜보고 있는 것도 커다란 눈 호강이었다.

이 아름다운 전망을 배경으로 맥주 한잔의 여유를 즐기고자, 강 건너 전망이 가장 잘 보이는 'Panoramia Café& Pub'으로 들어갔다. 다행히 요새 절벽 쪽의 자리가 있어 그쪽으로 자리를 요청해서 앉 았다. 위치가 위치이니만큼 아무래도 가격대비 품질이나 서비스를 크게 기대하는 것은 무리이고, 또한 이곳은 현금 결제만 가능하니 그것도 참고해야 한다. 일단 헝가리에 왔으니 헝가리 맥주로 시작 을 하기로 했다. 소프로니(Soproni) 다크 라거 탭 맥주와 무더운 한낮 의 날씨에 맥주를 마신 후의 열기가 두렵다는 아내는 레모네이드, 그리고 곧 프라하에 가서도 원 없이 먹을 테지만, 헝가리가 원조라 는 Trdelnik, 체코의 트르들로(Trdlo) '굴뚝 빵'을 주문했다.

원래 굴뚝 빵은 반죽을 나무기둥에 끼워 숯불에 회전시키며 구워야 하는데, 이곳은 열선이 깔린 전기 그릴을 이용해서 빵을 구워 내고 있었다. 어차피 전문점도 아니고 관광지의 카페이니 이해하고 맛을 보기로 했다. 주문했던 음료와 빵이 나오고 소프로니 맥주를 시원하게 한 모금 들이켰다. 순간 '아차' 하는 느낌이 들었다. 탭으로 서빙된 맥주가 관리가 전혀 안 되었는지, 맥주는 탄산감이 떨어져서 밋밋하고, 청소가 안 된 탭 노즐에서 묻어 나온 금속의 유쾌하지 않은 비릿함이 실망스러웠다. 역시 관광지라 단골손님 상대 장사가 아니니, 관리가 전혀 안 되는 것 같았다. 굴뚝 빵은 빵의 안쪽이 덜 구워진 것인지 아니면 발효가 충분히 되지 않아서 반죽이 덜 부풀어 오른 상태에서 빵을 구워서 그런지 생 밀가루의 맛이 식욕을 확 떨어트렸다. 내심 '밀가루 반죽 쪼가리에 아무것도 넣지 않은 것을 5유로나 받다니' 하는 괘씸한 생각이 들었지만, 아름다운 전망을 즐기는 것으로 위안을 삼기로 했다. 헝가리에서의 첫 맥주도 굴뚝 빵도 사실상 실패였다. 맥주 전문 펍이 아니거나, 장사가 잘 안되어 회전이 좋지 않은 곳, 기타 맥주 관리가 잘 안 될 것 같은 곳에서는 탭 맥주를 주문하지 않고 항상 병맥주를 주문했었는데, 이번에는 내가 실수를 하고 말았다. 하지만 최고의 전망을 선사하는 곳이었기에 용서하기로 했다.

버스를 타고 요새를 내려와 부다페스트의 초록 다리라 불리는
Szabadsag Hid 자유교를 거쳐, 자연 동굴을 깎아 만든 동굴 교회라
불리는 Gellért Hill Cave(Gellérthegyi-barlang) 교회를 둘러보니, 다시
금 제대로 된 맥주 한잔을 해야 할 것 같았다.

내 맥주는 내가 따른다,
Hedon Brewing Company

헝가리에서 제대로 된 크래프트 비어를 탭으로 즐길 수 있는 몇 안 되는 곳 중의 한 곳인 Hedon 탭 룸으로 발길을 옮겼다. 30여 개의 크래프트 비어와 애플 사이다가 탭으로 서빙되는데, 셀프 푸어링(self-pouring) 방식으로 전자 태그를 이용하여 원하는 맥주를 원하는 만큼 마실 수 있는 방식이다. 우리나라에서도 요즈음 빠른 속도

로 많은 매장에서 셀프서비스 방식 탭 룸이 늘어나고 있다. 탭 위의 모니터에 해당 맥주에 대한 설명이 나오고, 원하는 만큼 조금만 따른 후에 맛을 보고 원하면 잔을 채우면 된다. 물론 잔을 물로 헹굴 수 있는 린서가 탭 아래 설치되어 있다. 셀프로 맥주를 따르는 방식은 비즈니스 오너 입장에서는 인건비도  줄일 수 있고 맥주의 손실을 줄일 수 있다. 하지만 소비자 관점에서 보면, 맥주를 따를 때 처음 발생하는 거품을 버려야 하는데 그것까지 비용을 지불해야 하고, 맥주를 잘 따르지 못하면 거품이 과도하게 발생하여 밋밋한 플랫 비어를 마시게 된다는 단점이 있다. 이곳에는 30여 가지의 탭 외에도 다양한 크래프트 병맥주가 냉장고에 준비되어 있었다. 맥주 라인업은 수시로 교체되고 업데이트되는 것 같았다.

이곳에도 피자와 간단한 스낵거리가 있기는 했지만, 시간 때문인지 누구도 음식을 즐기는 이는 없었다. 바쁘지 않은 시간이어서 친절한 여직원이 맥주에 관한 이야기도 해 주고, 이런저런 이야기를 나누었다. 우리도 설치된 맥주들의 설명을 둘러 본 후에 두 가지 맥주를 선택했다. 무더운 날씨에 여기저기 구경을 하고 온 터라 뭔가 상큼한 것이 생각났다. 그래서 망고 사우어 에일과 블루베리 에일을 시도하기로 했다. 사우어 에일은 맥주 애호가 사이에서도 호불호가 많이 갈리기는 하지만, 좋아하는 이들은 사우어 에일의 매력에 푹 빠지곤 한다. 사우어 비어(Sour Beer)의 대표적인 스타일은 람빅, 괴즈, 플랜더스 레드, 고제, 베를리너 바이스 등이 있다.

어떤 스타일의 사우어 맥주든 양조과정에서 의도적으로 야생의 미생물을 투입하든 인위적으로 첨가하든 산미를 느끼게 한다. 새콤한 맥주의 뒷맛에 입에 침이 고이며, 라거처럼 벌컥벌컥 마시기 쉬운 맥주는 아니지만 조금씩 맛을 음미하며, 디저트와 페어링하며 마시면 더욱 매력적인 맥주다. 망고 사우어 에일과 블루베리 에일의 색감은 참으로 매력적이고 영롱했다. 보기만 해도 입에 침이 고이는 화려한 색감과 묵직한 보디감이 느껴지는 탁도, 거기에 코를 자극하는 향긋함이 상쾌했다. 보통 과일이 들어간 맥주에서 단맛이 나는 경우는 발효가 덜 된 당분이 남는 경우와 발효가 끝나고 과즙이나 설탕 또는 시럽이 첨가된 경우이다. 그래서 일반적인 프룻 비어에서 과일의 단맛을 기대하면 안 된다. 과일의 당분은 이미 발효

과정에 의해서 알코올과 탄산으로 분해되었기 때문이다. Hedon의 망고 사우어 에일과 블루베리 에일은 각자의 스타일 가이드 라인에 충실한 잘 관리된 맥주였다. 어부의 요새 카페에서 맛본, 관리 안 된 맥주와는 확연히 다른 퀄리티의 맥주였다.

맥주 한잔,
중앙시장에서 뉴욕 카페까지

    부다페스트 쇼핑거리로 유명한 바치 거리를 구경하고 숙소로 돌아오는 길에 젤라토 아이스크림도 먹고, 식료품 매장에 들러 이것저것 구경도 하고 간단한 안주와 헝가리 맥주 몇 가지를 집어 들었다.

헝가리의 대표 양산 맥주에는 Soproni, Dreher, Borsodi, Arany 등이 있다. Soproni IPA는 홉에서 우러나오는 과일 향, 시트러스 향이 적절한 홉의 비터함과 몰트의 캐릭터가 잘 밸런스를 이루며, 음용성에 더 많이 신경을 쓴 청량하고 가성비 좋은 IPA 맥주다. IPA 맥주 스타일은 India Pale Ale의 약자로, 19세기 영국의 인도 지배 시절에 인도에 주둔하던 관료와 군인들이 마실 맥주를 배로 보내는 과정에서 맥주의 변질을 막기 위해 홉과 알코올의 함량을 높여 만든 페일 에일의 강화 버전이었다. 현재는 미국이 주가 되어 미국식 IPA가 세계적으로 유행을 하고 있으며, 더욱 강력한 홉의 사용으로 홉의 아로마가 지배적이고 알코올도 더 높게 양조하는 추세이다. Dreher Bak는 역시 헝가리 대표 양조장 Dreher 생산 맥주이며, 둔켈 복(Dunkel Bock) 스타일의 맥주이다. 둔켈은 Dark를 의미하며, Bock은 복 라거 스타일을 나타내기도 하고 특정 스타일의 강화 버전을 나타내기도 한다. 예를 들어 바이젠 복은 밀맥주 바이젠의 고알코올 버전이라고 보면 된다. 드레헤 둔켈 복 맥주는 캐러멜 몰트의 잔잔한 단내가 명확한 맥주이다. 천일염 외에는 아무 첨가제도 없이 말린 헝가리산 햄, 소시지와 함께 헝가리의 대표 맥주를 즐기며 마무리하는 부다페스트에서의 첫날밤은 달콤하기만 했다.

소프로니 레드 에일(Soproni Red Ale)과 보르소디 필스너(Borsodi Bivaly) 스타일 맥주로 시작하는 헝가리의 아침. 레드 에일은 컬러에 의한 광범위한 맥주의 분류로 구릿빛, 호박색 투명한 보디에 캐러 멜 몰트의 성향이 두드러진다. 호텔에서 조식과 함께 맥주 한잔하 며 에너지를 보충하고 하루를 시작하기로 했다. 이날은 아침부터 야간까지 강행군해야 했기에 체력과 에너지를 잘 분배해야 했다.

조식을 마치고 바로 달려간 곳은 부다페스트 대표 재래시장 Great Market Hall이었다. 실내 공간에 1, 2층으로 나뉜 재래시장으로 1층에는 과일, 채소, 고기, 소시지, 햄, 향신료, 식료품 들이 주를 이루었고, 2층에는 기념품, 장식, 의류 그리고 푸드코트 등 180여 개의 상점이 있다. 새로운 도시의 재래시장은 언제 구경해도 흥미로웠다. 그 나라, 도시의 문화 색을 가장 잘 알 수 있는 곳이 재래시장인 듯했다. 그 나라의 특산 먹거리를 구경하는 것도, 기념품을 구경하는 것도 시간 가는 줄 모르는 즐거움이었다. 주렁주렁 매달린 잘 말려진 소시지며, 햄이며 가방 가득 사 가고 싶었지만, 앞으로 남은 일정이 많으니 안타까울 따름이었다.

원래 카페를 다니는 스타일이 아니라서 한국에서도 카페보다는
맥줏집에서 맥주 한잔하며 이야기하는 것을 좋아하지만, 그래도 부
다페스트에 오면 꼭 가봐야 할 것 같은 카페가 있었기에 그곳으로
발길을 옮기기로 마음먹었다. 어차피 온라인상에 유명한 곳이라 엄
청나게 붐비고 대기도 예상하고, 특별한 서비스를 기대하지는 않았
지만, 그래도 여기까지 날아왔으니 한 번은 들러 봐야겠다는 심사로
뉴욕 카페(New York Café)로 향했다. 그저 고풍스러운 분위기를 잠시나
마 느끼고 한잔의 커피와 디저트 정도를 즐기면 그만이라 생각했다.

　역시 이른 시간에 도착했음에도, 예상대로 긴 대기 줄이 문밖까
지 이어져 있었다. 흡사 영화 암표 사서 보던 시절의 토요일 영화관
앞처럼 말이다. 줄을 서서 기다리면서도, '참, 우리가 지금 뭐 하는

거지?' 하는 생각이 수도 없이 들었다. 카페라는 곳은 음식에 대한 비용이라 기보다는 분위기와 공간에 대한 비용을 지불하고 여유를 즐기는 곳인데, 줄을 서 있는 고객들도, 다닥다닥 붙어있는 테이블에서 편히 앉아 있지 못하고 대기자들 눈치에 맘 편하게 여유도 못 부리는 곳에 과연 이만큼의 프리미엄이 존재할까? 한 번 이상은 더 이상 올 이유도 없고, 오고 싶지도 않았다. 그저 잠시나마 멋진 인테리어를 잘 구경하고 나왔다. 어차피 안 왔으면 아쉬움이 남았을 곳이니, 내 두 눈으로 잘 확인하고 왔다는 것에 만족하기로 했다.

부다페스트에서 빼놓을 수 없는 또 하나의 인증샷 장소는 바로 국회의사당이다. 국회의사당 건물은 다뉴브강을 건너 언덕 위에서 봐도, 바로 앞 광장에서 봐도 참으로 멋들어진 건물이다. 뙤약볕 아래 국회의사당 앞 광장을 지키는 근위병들이 안쓰럽기도 했다. 국회의사당에서 다뉴브강을 따라 걷다 보면, 다뉴브 강가의 신발들(Cipők a Duna-Parton)을 발견할 수 있다. 강둑에 2차 대전 당시 나치에 의해 강가에서 신발을 벗어 놓고 목숨을 잃은 3천5백여 명의 무고한 유대인 시민들을 기리는 60켤레의 신발이 조형물로 슬픈 역사를 증언한다. 전쟁의 아픈 역사는 동서를 막론하고 참으로 슬픈 기억이다. 마음이 무겁고 숙연해졌다. 왠지 서둘러 자리를 뜨고 싶었지만, 그럴 수가 없었다. 언제나 전쟁은 통치자들의 야욕을 위해 이데올로기로 포장되어 힘없는 자들의 희생이 강요되는, 또다시 힘없는 자들이 보듬어야 하고 슬퍼해야 하는 억울한 아픔이다.

부다페스트에서 깨달은
원효대사의 일체유심조(一切唯心造)

"다시 맥주 한잔해야 할 타임이다. 점심과 곁들여 맥주 한잔하고 또 강행군을 시작해야지?"

그동안 한식은 고사하고 아시아 음식 한 번 먹지 않고 10여 일을 달려왔다. 뭔가 따뜻한 국물이 먹고 싶어졌다. 맥주 펍을 찾아가는 길에 조그만 라멘집을 발견했다. 일본이나 우리나라에서 먹는 라멘과는 비교조차 불가한, 뭐랄까 고속도로 휴게소 우동보다 조금 업그레이드된 국수라고 할 법한 헝가리 조리사들이 만들어 낸 라멘을 받았다. 한국 같았으면 쥐도 안 먹을 법한, 우동인지 라멘인지 경계도 불분명한 면 요리였다. 어차피 큰 기대를 하고 들어간 곳도 아니고, 헝가리에서 헝가리 직원들이 만들어내는 패스트푸드 일본 요리가 얼마나 맛이 있겠는가? 단지 한 끼 허기를 달래 주고, 따뜻한 국물 몇 수저 뜰 수 있으면 그것으로 만족할 요량이었다.

그러나 국물과 함께 한 젓가락 입에 넣은 그 면과 국물의 맛은,
일식 라멘 전문 요리사가 깊게 우려낸 돈 사골 육수로 만든 라멘보
다 훨씬 더 맛있었다. '역시 시장이 반찬이고, 궁하니 뭐든 진수성
찬이구나'. 원효대사의 해골물 일화가 문득 떠올랐다. 일체유심조
(一切唯心造), 모든 것은 오로지 마음이 지어내는 것이라는 것을 다시
한번 깨닫게 해 주었다. 일본 라멘에 맥주는 기본이 아니겠는가? 우
동라멘(?) 가게의 유일한 맥주인 밀러 병맥주(Miller Genuine Draft)를
주문했다. 밀러 라이트 라거는 그냥 가볍게, 차게 물 대신 마시면

좋을 맥주다. 군이 내 돈 주고 사 먹을 맥주는 아니지만, 선택의 여지가 없으니 아쉬운 대로 우동 비슷한 라멘과 페어링했다.

라멘도 아니요 우동도 아닌 우동라멘과 라이트 라거 밀러와의 페어링은 트라피스트 수도원 맥주와 잘 숙성된 고르곤졸라 치즈의 페어링보다 더 환상적이었다. 동양 음식에 대한 그리움과 허기진 배, 힘 빠진 다리, 그리고 타들어 가는 갈증이 불러낸 환상의 마리아주! "미안하다, 밀러야. 그동안 너를 너무 무시했구나!" 세상에 맛없는 맥주란 없다. 나쁜 맥주도 없다. 단지 더 맛있는 맥주가 있고, 더 좋은 맥주가 있을 뿐이다!

폐허를 승화시키다,
Ruin Bars Budapest

　맥주는 물론이고 다양한 술을 자유롭고 힙한 분위기에서 즐길 수 있는 부다페스트의 명물 바/펍 Ruin Bars Budapest. 맥주, 위스키, 보드카, 칵테일 없는 술이 없을 정도의 다양한 라인업이 갖춰져 있다. 하지만 이름처럼 폐허 그 자체이다. 그것이 콘셉트이고 인테리어다. 환한 대낮에 이 정도 인파가 드나들 정도면 해가 지면 정말

이지 발 디딜 틈도 없을 정도라는 게 상상이 되었다. 우리 부부에게는 그저 신기하기만 할 정도의 힙하고 핫한 분위기에, 우리는 여기에 있으면 안 될 것만 같은 이질감이 느껴질 정도였다.

'2~30대들의 젊음을, 열정을 발산하기에는 천국이겠구나' 하는 자유로움이 느껴졌다. 애초에 여기서 맥주의 품질을 기대하는 것은 무리라는 생각이 들었다.

이곳은 맥주를 음미하러 오는 곳이 아니라, 분위기에 취해 에너지를 발산하러 오는 곳이었다. 누구도 맥주의 신선도나 맛 따위는 신경 쓰지 않을 분위기였다. 20대에 이곳에 왔더라면 그 매력에 흠뻑 젖어버릴 것만 같았다. 하지만 이제 흰머리, 흰 수염이 더 많아지는 나이가 되니, 내가 있으면 안 될 것만 같은 이질감은 어쩔 수가 없었다. 젊음이 부러웠다. 젊음은 그 자체만으로도 아름답고, 충분히 부러움의 대상이 될 수 있다. 무한한 가능성이 있기에. 우리 부부가 젊은이들의 공간에서 주책은 아닌지 괜스레 겸연쩍었다. 세계 각지에서 날아온, 각양각색의 인파를 구경하는 것도 꽤 재미있었다. 참으로 다양한 사람들이 저마다의 멋을 한껏 부리고, 따로 또 같이 조화를 이루고 있었다. 정형화되지 않은 부조화의 조합이 이곳의 매력을 이루어 내는 것 같았다. 심지어는 우리 부부도 이곳의 한 점으로 같이 조화를 이루고 있으니 말이다.

    독특한 색깔의 각기 다른 부스에서 온갖 종류의 술을 팔고 있었다. 각각 부스의 자리에서 즐길 수도, 중앙의 테라스에서 즐길 수도 있었다. 분명 밤이 되면 자리가 모자라서 그냥 서서 즐기는 이들이 더 많을 듯했다. 모든 것이 그냥 방치된 것 같았지만, 그 속에서 보이는 통일감과 콘셉트가 명확했고, 부다페스트 루인 바만의 흉내 낼 수 없는 개성을 만끽할 수 있는 멋진 장소임이 틀림없었다.

부다페스트의 하이라이트,
야경 속으로

　원래는 부다페스트에서 디너 크루즈를 즐기리라 생각을 하고 계획을 짜고 있었지만, 한국을 떠나기 얼마 전에 있었던 크루즈 전복 사고 때문에 디너 크루즈는 생략하기로 했다. 크루즈가 아니어도 부다페스트의 환상적인 야경에 빠질 여러 가지 방법이 있을 것 같았기 때문이다. 부다 성, 어부의 요새, 국회의사당, 세체니 다리 등

을 분주하게 이동하기로 했다. 어차피 대중교통 '데이 패스'를 구매했기에 버스, 전철들을 번갈아 가며 부다페스트의 환상적인 야경 속으로 파고들어 그 야경의 일부가 되어 보기로 했다.

이미 낮에 방문했던 같은 곳들이지만, 다른 시간, 다른 시각에 따라 변하는 아름다움이란 한 번도 와 보지 못한 곳을 처음 방문하는 새로운 느낌이었다. 멋진 야경을 렌즈에 담아 보고자 해 질 녘 일찌감치 인증샷 장소를 찾아 올라갔다.

시시각각 변해가는 노을과 푸르스름한 하늘, 그리고 그것을 품은 다뉴브 강과 그 위를 유유히 떠다니는 유람선들의 불빛, 조명으로 새 단장을 하는 건축물의 조화는 한 폭의 그림이라는 표현으로는 너무나 소박하게 묘사할 수밖에 없는 예술이었다. 다뉴브 강을 사이에 두고 다리를 건너며, 상반된 각도에서 즐기는 야경은 참으로 경이로웠다. 밤새 식지 않는 인파들의 열기를 느끼며 밤거리를 걷는 즐거움, 해가 기울기 시작하던 시점부터 심야를 향해 달려가는 깜깜한 밤하늘을 뒤로한 도시의 화려한 불빛은 살아 움직이는 유기체 같았다. 부다페스트의 밤은 아름다웠다. 너무나 짧고 간결한 명제다.

Chapter

4

체코

프라하

프라하의 봄,
체코의 수도 입성

    1980년 5월 광주에 뜨거운 피가 끓었고 1968년 4월 프라하의 봄은 체코 민주화의 뜨거운 열망의 표출이었다. 프라하 봄 민주화 투쟁의 집결지 바츨라프 광장에 서니, 왠지 모를 가슴 벅참과 잔잔한 흥분을 느꼈다. 그곳은 프라하의 가장 번화가가 된 관광명소이면서 아픈 역사를 간직한 곳이기에 오묘한 만감이 교차하는 곳이다.

프라하 역에서 5분여 걸어 바츨라프 광장에 오면, '와, 프라하다
~!' 하는 감탄이 절로 나온다. 역시 프라하는 프라하다. 프라하는
한 번이 아니라 몇 번이고 반복해서 방문하는 이들이 많다. 몇 번이
고 와도 항상 새롭고 푸근하고, 시간을 초월하는 타임머신 같은 매
력이 있는 도시기 때문이다. 도시 자체가 살아 생동하는 것 같은 활
력이 느껴지는 매력적인 유기체이기도 하다. 어느 방향으로 걸어가
도 새로운 모습으로 새로운 매력을 뿜낸다. 심지어는 거리의 인파
조차도 미남 미녀가 넘쳐난다. 직업에 대한 인식도 우리와는 많이
달라 보인다. 화장실 청소를 하는 젊은이들도, 길에서 청소하고, 육
체노동을 하는 젊은 남녀도 쉽게 찾아볼 수 있었다. 그들 한 명 한
명 너무나 밝고 자신감 넘치는 아름다운 모습이었다.

도대체 어디서부터 어떻게 움직여야 할지 효율적인 동선을 고민하는 것조차도 그리 녹록지 않았다. 아직 시작도 안 했는데, 그리고 3일이라는 일정이 있는데도 시간이 모자랄 것 같은 괜한 걱정이 앞섰다. 여행하면서도, 여행을 마치고 다음 여정에서도, 그리고 이렇게 귀국을 하고 나서도 체코에서의 추억은 하나라도 잊어버리기에는 너무나 아련했다.

맥주 없는 체코는 영혼 없는 육체와 무엇이 다르겠는가? 체코는 맥주다. 무조건 맥주다. 독일도, 벨기에도 맥주 없이는 이름조차 부를 수 없는 나라들이지만, 체코의 맥주는 체코 그 자체이다. 체코 여행을 했던 이들이라면 결코 부정할 수 없을 것이다.

독일에 학센이 있다면,
체코에는 콜레뇨가 있다 : U Tří růží

세 송이의 장미라는 뜻을 가진 브루 펍이다. 체코를 대표하는 맥주는 누가 뭐라 해도 필스너 우르켈(Pilsner Urquel), 코젤(Velkopopovický Kozel), 부드바르(Budějovický Budvar), 스타로프라멘(Staropramen), 감브리너스 (Gambrinus), 스타로브르노(Starobrno) 등 이미 우리나라에도 잘 알려진 맥주들이 많다. 물론 그 나라의 대표 맥주들도 맛을 봐야겠지만, 작

은 로컬 브루어리에서 만든 수제 맥주 탐험을 빼놓을 수가 없다. 우트리 루지(U Tří růží) 양조펍에서는 콜레뇨와 굴라쉬도 꽤 유명하고 직접 양조하는 맥주도 정평이 나 있는 곳이다. 맥주 리스트는 양조한 배치가 바뀔 때마다 바뀌는 것 같았다. 우리는 이곳의 스페셜 다크 라거와 바이스 비어를 주문했다. 바이스 비어는 헤페바이젠과 같은 스타일 맥주로 보리 맥아와 밀을 같이 사용하는 밀맥주이다. 메뉴는 고민할 것도 없이 이곳의 시그니처 격인 콜레뇨와 굴라쉬를 주문했다.

콜레뇨는 독일의 학센과 흡사한 체코 전통 돼지 족요리다. 역시 맥주에 삶은 돼지 족을 오븐에 구워 겉은 바삭하고 안은 부드러운 식감이 일품이다. 이곳에서는 직접 구워낸 사우어 브레드와 페퍼 피클, 사우어크라우트, 생 홀스래디시 등과 같이 서빙된다. 우선 비주얼에서 압도당하고, 껍질은 쫀득쫀득하고 살은 부드러운 그 맛, 그리고 엄청난 양에 한 번 더 놀란다. 독일 학센의 껍질이 바삭한 느낌이었다면, 이곳의 콜레뇨는 아주 쫀득쫀득한 식감이 일품이다. 다크 라거와의 페어링이 절묘하다. 흑맥주에 삶은 고기, 그리고 오븐 조리과정에서 재료 내의 당이 캐러멜라이즈 되는 향, 그리고 곁들여진 빵의 곡물 맛이 흑맥주와 기가 막히게 녹아났다. 스푼으로 그냥 떠먹고 싶은 크림 같은 거품, 맥주는 거품이 생명이다. 멈출 수가 없었다. 감동의 물결이었다.

굴라쉬는 동유럽의 대중적인 소고기 채소 스튜 요리인데, 이곳에서는 속을 파낸 브레드 볼에 정갈하고 맛깔스럽게 담겨 나온다. 스튜를 떠먹으며 빵을 찍어 먹는 재미도 쏠쏠하다. 굴라쉬 역시 다크라거와 훌륭한 페어를 이룬다.

필터링 되지 않은 밀맥주의 효모에서 나오는 향긋함과 강한 탄산의 경쾌함이 입안을 말끔하게 리프레시 해 준다. 무슨 연유로 세송이의 장미(U Tri Ruzi)라는 이름을 지었는지는 모르겠지만, 그냥 무조건 알 것 같다고 믿고 싶어졌다. 맛 들인 요리에 멋들어진 맥주, 그리고 펍의 분위기까지. 이곳을 빨리 떠나고 싶지 않았지만, 문밖의 프라하가 우리를 재촉하고 있기에 아쉬움을 뒤로하고 자리에서

일어나기로 했다. 어느 것 하나 과하지도 부족하지도 않은 정말 최적의 여흥을 갖고 펍을 떠났다. 두둑한 팁에 기뻐하는 직원과 정겨운 인사를 나누고, 언제 다시 올지 모르는 기약 없는 이별을 했다.

구글맵을 끄고 걷자,
프라하의 구시가

　군이 목적지를 정하고 떠나든 무작정 떠나든, 어느 골목으로 들어가도, 길을 잘못 들어도 어느 한구석 하나 놓치고 싶지 않은 매력이 있다. 프라하에는 몇 곳의 재래시장이 있지만, 관광객들에게는 하벨 시장(Havel's Market)이 가장 잘 알려진 것 같다. 여느 도시의 대표 재래시장과 마찬가지로 과일, 채소 등의 먹거리, 기념품 등을 파

는 상인들이 즐비하고 주변에는 펍과 카페들, 그리고 역동적으로 움직이는 인파들이 장관이다.

프라하에서는 트르들로(Trdlo) 굴뚝 빵을 파는 곳을 곳곳에서 쉽게 발견할 수 있다. 전기 그릴이 아닌 숯불에 직화로 구워내는 빵의 구수한 냄새와 길게 늘어선 줄, 그리고 다양한 토핑으로 한층 업그레이드된 굴뚝 빵들이 지나가는 이들의 발목을 잡고 놓아주지 않는다. 우리도 그 긴 줄에 합류하여 체코 버전의 굴뚝 빵을 맛보았다. 헝가리 어부의 요새에서 실망했던 그것과는 차원이 다른 맛이었다. 빵을 구워내는 아주머니도 여신급 미모를 자랑했다. 체코는 여신들의 나라가 맞는 듯했다. 또한 거리에서 어렵지 않게 찾을 수 있는 캔디숍은 동화의 나라에 들어온 듯한 착각을 느낄 지경이다. 그런데 이렇게 구경하는 이들만 많고 캔디를 사는 이들은 많지 않은 것 같아 다소 미안한 감정이 들었다. 나도 비즈니스 오너로서 좀 동병상련을 느꼈다.

천문시계, 프라하 화약탑, 구시가 광장 어느 곳을 가도 경이로움의 연속이었다. 그 매력의 끝은 어디일까? 일부러 찾아온 것은 아니지만 발길 따라온 곳에 필스너 우르켈 펍이 있으니, 필스너 스타일 맥주의 원조라는 필스너 우르켈을 어찌 마시지 않고 지나칠 수 있겠는가?

'오늘 밤 우리 부부는 프라하에서 죽어보련다.' 우리만의 불타는 프라하의 밤을 즐기기로 마음먹고, 에너지 음료 맥주를 혈액 속에 보충하고 있었다. 누가 들으면 술 꽤 잘 마시고 많이 마시는 줄 알 겠지만, 워낙에 주량이 약한 터라 이 정도로 마시는 맥주만으로도 집에서 마셨다면 이미 치사량을 넘고도 족히 남았을 것이다. 필스 너 우르켈은 무슨 별도의 부연 설명이 필요할까? 원조가 괜히 원조 가 아니다. 이제는 엄밀히 말하면 아사히에서 인수해서 일본 맥주 이기는 하지만, 그거야 자본의 문제인 것이고, 어찌 되었건 간에 필 스너 우르켈은 체코의 자존심 같은 맥주이다.

 사실 동유럽에서 프라하만큼이나 밤에도 생기가 넘치고 안전한
곳도 흔치 않다. 끊이지 않는 인파가 항상 우리의 동선에 같이 있
어, 안전하고 편안한 여행을 지속할 수 있었다.

 체코에 오면 여성들은 빼먹지 않고 찾는다는 마뉴팍투라
(Manufaktura)에서 구매한 버블 입욕제로 오늘 하루의 피로를 날리고
근육의 긴장도 풀기로 했다.

"나 다시 돌아갈래!",
파머스 마켓 1

다음 날 아침 댓바람부터 구시가 구석구석 구경을 하고, 쇼핑도 즐기며 프라하성 방향으로 이동했다. 프라하 성에 입장하기 위해서는 가방과 소지품까지 보안 검색을 해야 했다. 보안 검색을 마치고 들어선 성과 고지에서 내려다보는 프라하 전경이 참 이색적이고 아름다웠다. 프라하 성에서 와이너리를 거쳐 다시 구시가로 걸어서 이동하는 길도 하나하나 그림 같은 풍경을 자랑했다. 전날과는 다른 방향에서 구시가 광장으로 들어오니 완전히 또 다른 세계였다.

　광장에서는 많은 퍼포먼스가 진행되고 있었고, 의도하지 않고 발견한 재래시장 파머스 마켓 1(Farmers' Market 1)구역에서는 물건을 파는 상인들은 물론이고 먹거리와 맥주를 파는 가판에서 구매한 음식과 맥주를 즐기는 인파가 북적였다. 역시 맥주는 이렇게 사람들이 북적북적하고 시끌벅적한 곳에서 목소리 높여 가며 마셔야 제맛인 것 같다.

　여러 가판을 둘러보다 우리의 시선을 확 사로잡은 두 곳은 치즈 라클렛을 파는 가판과 야생 멧돼지 고기, 그리고 사슴고기로 만든 건조 소시지 두 가지를 그릴에 구워 파는 가판이었다. 치즈 라클렛은 커다란 원통형 치즈를 반을 잘라, 자른 면이 열기에 닿도록 그릴이나 화덕에 녹여서 칼로 긁어낸 후에, 삶은 감자, 빵 등과 함께하는 치즈 요리다. 스위스 유학 시절 물리도록 먹었지만, 지금도 집에서 라클렛 그릴을 사서 자주 해 먹을 정도로 좋아한다. 부글부글 끓는 치즈를 큰 칼로 접시에 대고 쓰윽 긁어낸 후에 삶은 감자와 함께 먹으면 입안에서 정말이지 살살 녹는다.

난생처음으로 맛보는 멧돼지 소시지와 사슴 소시지 또한 기존에 먹던 돼지고기, 소고기, 송아지 소시지와는 확연히 구분되는 색다른 맛이었다. 특히 야생 멧돼지 소시지는 자칫 돼지 비린내가 날 수 있어서 그런지, 고춧가루와 후춧가루 그리고 많은 향신료가 들어가 매콤한 것이 우리 입맛에는 아주 완벽했다. 그리고 우리나라에서는

잘 알려진 맥주는 아니지만, 체코 Kladno에서 양조 되는 Starokladno 의 Premium Excel Lager, Dark Beer를 주문했다. 이 두 맥주는 설명 이 필요없다. 비여과 비멸균 생맥주 500mL 한 잔에 2천 원도 안 하 는 믿기 어려운 가격에 믿기 어려운 완성도 높은 맥주를 맛볼 수 있 다는 게 그저 신기하고 입이 다물어지지 않을 지경이었다.

정말이지 프리미엄 엑셀 라거라는 명칭처럼 깊은 맛이 느껴지는 라거 맥주였다. 다크 비어 또한 확연히 느껴지는 캐러멜 몰트의 아로 마와 미세한 단맛의 조화가 환상 그 자체였다. 육즙 폭발하는 야생 멧돼지 소시지와 이 두 맥주의 환상의 마리아주는 특급 호텔의 정찬

이 부럽지 않았다.

　아내는 지금도 프라하의 파머스 마켓에서의 맥주를 잊지 못해 노래를 부른다. 우연히 뒷걸음치다 발견한 파머스 마켓 1구역은 정말이지 진흙 속의 진주를 발견한 느낌이었다. 또 다른 맛있는 요리와 맥주들을 탐험해야 하기에 한 번으로 참아야 했지만, 몇 번이고 다시 방문하고 싶은 곳이었다. 역시 맥주는 야외에서 즐기는 것이 편안하고 더 깊은 정취가 있는 것 같다.

수도원 양조장을 찾아서
Bellavista Prague

　맥주 좀 즐기는 이들은 프라하에 오면, 수도원 양조장의 맥주를 맛보기 위해 스트라호프 수도원 양조장(Klášternípivovar Strahov)을 찾는 이들이 많다. 고즈넉한 수도원도 돌아보고 수도원에서 운영하는 레스토랑 펍에서 맥주도 즐기기 위해 많은 관광객이 이곳을 찾는다. 우리도 천천히 걸으며 수도원의 정취도 즐기고 맥주 한잔하려고 펍에 들어서려는 순간 발길을 돌렸다. 이미 온라인에서 너무 많이 알려져 있는지, 홀에 2/3 정도가 한국 사람들로 보였다. 여기가 을지로 만선 호프인지 유럽인지 헷갈릴 정도였다. 여행이란 이국적인 경험을 하고 느낌을 간직하고 싶어서 하는 건데, 온 주변에서 한국말만 들리고 한국인들만 보이는 곳은 여행의 감흥이 다소 감소하여 패스하기로 했다.

　수도원이 있는 뜰에 세 곳의 레스토랑이 있는데 그중의 하나는 언덕 아래로 좁은 골목길을 따라 내려오는 곳에 있는 벨라비스타 프라하(Bellavista Prague)였다. 입구의 아름다운 정원은 물론이고 정원의 가장자리에 앉아서 내려다보는 프라하의 전경은 정말이지 가히 최고였다. 프라하 시내를 한눈에 내려 보며 여유를 즐기기에는 최고의 장소인 듯했다. 이곳에서도 역시 수도원 맥주를 즐길 수 있다. 클라스터 수도원 맥주(Klaster - Monastery Beer) 다크 라거를 주문했다. 외국에서 맥주를 즐길 때 장점 중의 하나는 굳이 안주를 시키지 않아도 눈치 볼 필요 없이 맥주만 즐길 수 있다는 것이다. 왠지 수도원 맥주 하면 뭔가 조금 더 깊고 진하고 경건해야 할 것 같지만, 사실 블라인드 테이스팅을 하면 몇 명이나 구별해 낼 수 있겠는가?

눈앞의 절경을 두고 아름다운 정원에서 아내와 마시는 맥주가 어찌 맛이 없을 수 있겠는가? 한없이 여유롭고 자리를 뜨기 싫은 분위기에 좋은 맥주까지 있으니 이곳이 정말 천국 옆의 수도원 같은 느낌이 들었다.

언덕을 내려오면 다시금 구시가와 연결이 되는데, 내려오는 그 골목 하나하나도 놓치기에 아까운 볼거리들이 넘쳐 났다. 체코 하면 맥주만큼이나 유명한 것이 마리오네트(Marionnette) 꼭두각시 인형이다. 체코 장인들의 땀과 열정이 숨어있는 보헤미안 스피릿이 깃든 완성도 높은 마리오네트 인형 가게들도 군데군데 눈길을 끌었다. 역시 근사한 작품들은 쉽게 접근할 수 없는 가격표가 붙어있다. 그냥 눈으로 감상하는 것만으로도 감사할 따름이었다. 어쩌면 돌고 돌아, 이리저리 다른 길을 걸어도 결국 구시가 광장으로 돌아오는데, 오는 길 하나하나가 이렇게 다를 수가 있을까? 뒤의 일정을 다 취소하고 몇 날 며칠이고 프라하에 머물고 싶어졌다.

젤라토와 트르들로 굴뚝 빵은 몇 번이나 먹었을까? 아무리 배가
불러도 입으로 들어갔다. 인간의 위는 정말 대단했다. 젤라토는 이
탈리아식 아이스크림으로 우리가 흔히 먹는 미국식 아이스크림과
는 사뭇 다르다. 기성 아이스크림보다 유지방 함량이 낮고 천연재
료를 사용하여 그때그때 만들어 판매한다. 보존제나 안정제 같은
첨가물을 사용하지 않고 식감이 쫀득하며 상쾌하다. 이탈리아 여행
에서도 젤라토를 엄청나게 먹었었다. 특히 이탈리아 북부 소도시
도모도솔라에서 얼마나 많이 먹었는지 모른다. 미국식 아이스크림
은 별로 좋아하지 않는 아내였지만, 젤라토 가게만 나오면 그냥 지
나칠 수 없었다.

유럽에서 가장 아름다운 다리
카렐교(Charles Bridge)

프라하성을 내려와 구시가를 연결하는 카렐교는 체코에서 가장 오래되고 아름다운 다리라고 한다. 카렐교로 이어지는 두 시가의 모습은 저마다의 독특한 색깔이 명확하다. 마치 한 도시 속에서 다른 두 나라, '아니 어쩌면 다른 시대일까?'를 경험하는 느낌이다. 다리 아래에서 올려다보는 다리의 모습과 시간이 변하면서 달라지는 다리의 모습 그리고 양쪽 시가의 모습이 어쩌면 이렇게 매혹적일수 있을까? 유럽에서 가장 아름다운 다리 중의 하나라고 하는 것이 과언이 아니었다. 다리 그 자체도 아름답지만, 다리와 주변의 조화가, 나의 짧은 표현력으로 그저 뭐라 표현할 수 없을 정도로 매력적이었다. 몇 번이고 다리를 건너 오갔다.

체코 프라하 편

200

시간이 조금씩 변할 때마다 새로웠다. 주변을 더 둘러보고 야경까지 구경하기로 마음먹었다. 저녁 식사와 맥주도 바로 다리 근처에서 즐기기로 했다. 주변을 그저 하염없이 걷노라면 뭔가 또 나오고 또 나왔다. 특별히 구글 검색을 해서 다니는 것도 아닌데 끝도 없이 뭔가가 나왔다. 우리나라 국회에서 장관 청문회를 하는 것 마냥, 프라하는 까도까도 끝도 없이 나오는 양파인 것 같았다.

우연히 발견한 '프라하에서 가장 좁은 골목길(The narrowest street of Prague)'. 이곳은 사람 두 명이 교차해서 지나가는 것이 불가능한 아주 좁은 골목길이다. 그래서 신호등이 있고 한쪽 방향씩 교대하며 지나가야 한다. 좁은 골목을 지나가면 레스토랑이 나온다. 'Piss

Sculpture', 조각상이 움직이는 '오줌 싸는 남자들'동상, 체코 공산
정권 시절 자유와 평화의 외침을 부르짖고 몰타 대사관의 벽에 존
레넌의 노래 〈Imagine〉의 가사와 얼굴을 그려 넣고 저항했던 젊은
이들의 외침이 있었던 '존 레넌 벽(Lennon Wall)', 그저 발길 닿는 곳
이 모두 추억의 명소였다.

카렐교를 품은 정찬
Restaurant U Zlatých nůžek

　　존 레넌 벽을 구경하고 카렐교 바로 근처의 호텔에서 운영하는 'Restaurant U Zlatých nůžek'의 야외 테라스에 자리를 잡았다. 지나가는 행인들을 구경하는 것도 재미났고, 이렇게 좋은 날씨에 실내로 들어가고 싶지는 않았다.

　체코의 전통 빵인 브레드 덤플링과 적 양배추로 만든 사우어크라우트 격인 로트콜(Rotkohl)이 같이 나오는 오리 다리 요리와 파머산 치즈 칩을 곁들인 치킨 세자 샐러드를 주문하고 맥주는 역시 체코를 대표하는 크루소비체(Krušovice) 다크 라거와 필스너 스타일 라거를 주문했다. 프라하에서는 어느 곳을 가든, 요리면 요리요, 맥주면 맥주 모두 기본 이상은 하니 걱정할 필요가 없었다. 딱히 바가지를 씌우는 곳도 없고, 메뉴판에 가격이 다 적혀있기 때문이다. 어찌하건 가격은 우리나라보다 많이 저렴하니, 그저 걷다가 분위기 좋고 사람 많은 곳에 가면 실패가 없다.

　체코 맥주들의 전반적인 특징은 과하지 않고 재료의 한쪽 특성에 치우치지 않고 밸런스가 잘 맞는다는 것이다. 그리고 음용성이 좋아 어떤 음식과도 잘 어울리고 맥주만 마셔도 전혀 손색이 없다. 체코에서 맥주는 크게 고민할 것 없이 다양하게 마셔보는 게 최고다. 한국에서 마시던 '필스너 우르켈', '코젤 다크'만 고집하지 말고 무조건 새로운 맥주를 맛보길 추천한다. 새로운 맥주 세계의 문이 열릴 것이다.

　브레드 덤플링은 쫀득쫀득하고 촉촉한 식감이 마치 예전에 할머니께서 해 주시던 술빵의 느낌이었다. 적양배추 절임 로트콜은 사우어크라우트와는 비슷하면서도 채 썬 입자의 크기도 다르고 식감도 아삭하기보다는 조금 더 부드러운 쪽에 가깝다. 사과와 로트콜이 오리 요리를 먹는 동안 입안을 잘 헹궈 주었다. 오리 다리 1개라 얼마 되지 않을 것 같았는데 막상 먹어 보니, 상당히 큰 오리를 사용했는지 샐러드와 함께 부부가 나누어 먹기에도 충분한 양이었다. 치킨도 좋아하지만, 워낙에 유황 진흙 구이 오리고기를 즐겨 먹었는데, 언제부터인가 훈제오리 햄이 나오면서 오리 본연의 맛을 느끼기는 어렵고, 그냥 가공 햄 맛 오리고기의 편리함이 음식점에서도 마트에서도 다른 오리요리를 밀어내어 아쉬웠다. 훈제오리 요리는 흡사 우리나라 유황 진흙 구이 오리요리와 비슷한 식감을 가

지고 있다. 부드럽게 잘 찢어지면서 쫄깃한 텍스처에 은은한 허브 향, 과도한 인공 감미료나 향신료의 인위적인 맛을 느낄 수 없이 깔끔했다. 역시 뭐든지 기본에 충실하면 된다. 같이 주문한 치킨 세자 샐러드는 단단한 파머산 치즈를 얇은 칩 모양으로 토핑을 하여 치즈의 진한 고소함이 인상적이었다. 그릴에 구운 닭 가슴살은 부위가 부위인 만큼 다소 퍽퍽한 느낌은 어쩔 수 없었다. 충분히 토핑된 파머산 치즈의 깊은 맛이 샐러드의 메인이었고 참으로 인상적이었다.

체코의 크루소비체에서 생산되는 맥주는 필스너 우르켈만큼 우리나라에 잘 알려진 맥주는 아니지만, 오히려 작은 규모의 양조장에서 생산되는 맥주들이 더 개성 있고 다양한 맛을 자랑한다. 대형 양조장은 아무래도 양산하는 설비의 투자 대비 생산성, 수익성을 고려할 수밖에 없으므로 스타일도 가장 대중으로 갈 수밖에 없다. 우리나라 카스, 하이트 등의 맥주를 생각하면 된다. 그것들은 우리나라 대표 맥주이지만, 그보다 작은 양조장에서 얼마나 많은 수제 맥주, 개성 있는 맥주들을 빚어내고 있는가?

저녁 식사를 마치고 다시 카렐교 주변을 돌고 다리를 건너 구시
가 중심부에 들어서니 역시 또 다른 느낌의 새로운 목적지에 온 듯
한 신선함이 있었다. 몇 번이고 느끼는 것이지만, 프라하는 참으로
매력적인 도시다. 상점들도 조명을 켜고 낮과는 다른 모습으로 다
른 옷을 갈아입은 듯했다. 카렐교의 야경을 즐기려는 인파가 어마
어마했다. 그러한 인파와 자연과 조형물들이 하나 되어 프라하의
밤에 열기를 불어넣는 것 같았다.

프라하에서 두 번째 날, 많이 걷고, 많이 먹고 마시고, 아침 일찍
부터 밤늦게까지 길고 긴 하루가 너무나 짧고 아쉽게만 느껴졌다.
바츨라프 광장 언덕 초입에 잡은 호텔로 오는 길은 휘황찬란하고
꺼지지 않는 열기가 느껴졌다.

프라하 매력의 끝은
어디인가?

　프라하에서의 마지막 하루를 1분 1초까지 쥐어짜며 즐기기 위해 아침 일찍 호텔을 나섰다. 아침부터 수많은 인파가 새로이 프라하로 몰려들고 있었다. 캐리어를 끌고, 배낭을 메고 역으로부터 밀려 들어오는 새로운 관광객이 인산인해를 이루었다. 골목골목 크고 작은 가게들과 쇼핑센터 건물까지 훑어보기로 했다. 유기농 화장품을

파는 가게를 찾아서 구글맵이 이끄는 방향으로 발걸음을 옮겼다. 가는 도중에 고개를 돌리면 골목길 사이로 뭔가 우리의 시선을 끄는 것들이 도사리고 있었다. 때문에 앞으로 전진이 쉽지 않았다. 타이트한 일정에 움직여야 한다면, 시간에 맞춰 움직이는 것이 보통 일이 아닐 것이다.

'프란츠 카프카 머리(Head of Franz Kafka)' 조형물을 한 쇼핑몰 뒷골목에서 발견했다. 11 미터의 높이에 42개의 금속판으로 구성된 카프카의 얼굴은, 각각의 판이 회전하며 다양한 각도에서 새로운 얼굴을 만들어내는 움직이는 조형물이다. 온라인에서 유명한 조각상들이 막상 가보면 실망스러운 곳이 한두 곳이 아닌데, 이건 기대도 못 했던 횡재였다. 움직이는 각개의 금속층이 새로운 얼굴을 만들어내는 것이 신기할 따름이었다. 거리 곳곳이 하루하루 매일 축제의 연속이었다. 가는 곳마다 퍼포먼스, 먹거리 장이 열리고 길거리 음식이라 해서 절대로 허접스럽지 않은, 잘 만들어진 먹거리들이 저렴하고 합리적인 가격으로 관광객들의 주머니를 열게 했다. 프라하를 떠나기 전에 어떤 맥주와 요리를 먹을까 고민을 하다가, 어제 파머스 마켓 1로 다시 가보고 싶은 마음도 굴뚝같았지만, 그래도 새로운 추억을 만들고 가야 하기에 새로운 시도를 해 보기로 했다.

'탱크 비어'를
아시나요?

등잔 밑이 어둡다고 해야 하나? 우리가 머물던 숙소 바로 아래 크루소비체(Krušovice) 탱크 비어(Tank Beer)를 서빙 하는 레스토랑이 생각났다. 탱크 비어는 장갑차, 탱크가 아니고, 맥주 양조장에서 양조를 마친 맥주를 여과하거나 열처리하지 않고, 병이나 캔, 케그통에 옮겨 담는 대신에 저장 탱크 그대로 냉장 유통하여 레스토랑으로 운반하는 것을 말한다. 레스토랑에서는 그 탱크 그대로 냉장상태를 유지하여 마치 양조장에서 바로 마시는 맥주 같은 신선함을 생명으로 하는 맥주 서빙 방식이다.

영어를 꽤 잘하는 여직원과 즐거운 대화를 나누다가, 탱크를 보여줄 수 있냐고 요청했더니, 우리를 탱크가 설치된 내부로 안내해 주었다. 그리고 탱크의 리드도 열어 보여주며 작동 방식도 설명해 주었다. 체코는 유럽의 다른 관광지보다 상점의 직원들도, 레스토랑의 직원들도 훨씬 더 친절했다. 항상 미소를 잃지 않는 고객 서비스 덕분에 마음 편하게 우리의 추억을 만들어 나갈 수 있었다.

먹다 남기는 한이 있더라도 프라하에서의 마지막 식사를 미련 없이 먹고 마셔보고자 좀 과도하게 주문했다. 비프 카파치오(Beef Carpaccio), 스큐어(Skewer) 고기 꼬치 요리, 그리고 로스트(Roasted) 오리 요리를 주문했고, 맥주는 탱크 비어 필스너, 다크 라거, 헤페 바이스, 체리 비어를 주문했다.

비프 카파치오는 질긴 근막이나 지방이 없는 익히지 않은 신선한 소고기의 안심 부분을 종이처럼 얇게 저며서, 올리브 오일, 소금, 후추, 허브 등으로 간을 하고 라임, 페스토 등과 함께 제공 하는 이탈리아식 콜드 애피타이저다. 신선한 소고기가 생명인, 우리나라의 육사시미와 견줄 익히지 않은 소고기 요리다. 환상의 비주얼이다. 신선한 소고기의 핏빛과 파머산 치즈 쉐이빙의 눈같이 하얀 색감의 대비가 참으로 식욕을 자극했다. 부드럽게 입안에서 녹아내리는 소고기와 파머산 치즈 그리고 마무리로 입안을 산뜻하게 정리해 주는 라임의 상큼하고 새콤한 맛이 일품이었다.

이곳의 스큐어는 그릴에 구운 돼지고기, 소고기, 훈제 베이컨, 채소와 화려한 색감의 피클이 함께 제공되며, 비주얼이 압도적이다. 음식이든 맥주든 모두 오감을 자극해야 한다. 단순히 '맛있다' 정도로 감동을 줄 수는 없다. 강렬한 비주얼에, 퍽퍽하지 않게, 육즙이 살아있게 잘 구워진 고기들, 그리고 아삭한 식감을 잃지 않은 채소, 그리고 뛰어난 색감과 식감의 피클, 이 모든 것이 어느 것 하나 흠잡을 것이 없었다.

로스팅 된 오리 한 마리가 4등분 되어, 체코 전통 빵 브레드 덤플링과 같이 제공됐다. 전날 먹은 오리가 다시 생각나서 아예 한 마리를 통째로 주문했다. 가공 오리 햄 요리와는 차원이 다른 오리 구이는 또 언제 먹을지 모르니 배가 터지는 한이 있어도 한 번 더 먹기로 했다.

하지만 어느 누가 봐도 호리호리한 동양인 부부 두 명이 먹을 수 있는 양은 아니었다. 더군다나 맥주 네 잔까지 더해서 두 명이 먹는다니…. 탱크 비어와 다크 라거, 헤페 바이스는 크루소비체 맥주이고 체리 비어는 역시 체코 브루어리인 Rohozec의 맥주였다. 플라세보 효과도 있겠지만, 탱크 비어는 정말 입에 착 달라붙는 감칠맛 나는 맥주였다. 필스너 스타일 라거이기에 강렬한 임팩트가 있는 맥주는 아니지만, 깔끔하고 청량하면서 몰트와 홉의 절묘한 조화가 기가 막힌 기본에 충실한 맥주였다. 풍성한 거품이 오래 지속되는 다크 라거는 역시 고기 요리와는 환상의 궁합이었다. 향긋한 아로마가 살아있는 밀맥주 헤페 바이스, 과일의 상큼함이 그대로 살아있는 환상적인 색감과 하얀 구름 같은 거품이 탐스러운 Rohozec 체리 맥주 또한 예술이었다.

결국 이 모든 것을 다 비워 버렸다. 웨이트리스도 매니저도 주변의 테이블에 있던 이들도 모두 놀라워했다. 기분 좋게 두둑한 팁을 놓고 체코에서의 마지막 식사를 마무리했다.

나는 내일,
어제의 프라하를 만난다

마지막으로 프라하의 명품거리 파르지슈스카 거리(Pariska Street)로 향했다. 맥주를 많이 마시고 다니다 보니 항상 화장실이 문제였다. 유럽은 관광지에서 거의 유료 화장실이 많고, 유료 화장실이라고 하더라도 그리 관리가 잘되는 것도 아니었다. 이럴 때 팁은 무조건 특급 호텔이 보이면 호텔 화장실을 이용하라는 것이다. 누가 투숙객인지 아닌지 확인할 것도 아니니 그냥 자연스럽게 가장 깨끗한 화장실을 무료로 이용할 수 있다. 역시나 명품거리에서 화장실이 급해져서, 인터컨티넨탈 호텔을 잘 이용했다.

쇼핑도 마무리하고 이제는 다음 목적지로 이동할 차례다. 이번에는 유레일패스를 이용해 기차로 이동하는 것이 아닌, 비행기를 이용해서 네덜란드 암스테르담으로 가기로 일정을 잡았다. 유럽 내에서 비행기를 이용하면 출발, 도착 시 보안 검색이나 출입국 관리가 까다롭지도 않고 비용도 저렴하고 시간도 절약할 수 있어 암스테르담으로 날아가기로 한 것이다. 더군다나 프라하 기차역 바로 앞에서 버스로 쉽게 공항으로 이동할 수도 있고 암스테르담 공항에서 시내까지도 철도로 얼마 멀지 않으니, 이번 일정의 '신의 한 수'인 것 같았다.

공항에 도착해서 주머니에 남아있는 체코 화폐, 코루나를 다 써 버리기 위해서 공항 청사 내를 돌아다니다 'FreshBar'라는 주스 바를 발견했다. 100% 과일, 채소 외에는 물 한 방울, 설탕 한 스푼 들어가지 않은 즉석 착즙 주스였다. 보는 앞에서 바로 과일과 채소를 착즙해서 컵에 따라 주니 믿고 안심하고 마실 수 있었다.

물을 넣고 믹서기에 가는 방식이 아니라 착즙기로 즙을 내는 방식이라 생각보다 엄청난 양의 과일과 채소가 들어갔다. 맛, 건강, 비주얼, 가격까지 모든 면에서 만점이었다.

'체코, 너는 끝까지 맘에 드는구나, 정말 떠나는 발걸음을 무겁게

만드는구나!'

'안녕, 체코! 안녕, 프라하!'

　프라하에서의 3일 여정은 정말이지 꿈만 같았다. 3일 동안 세 나라를 여행한 것 같기도 하고, 같은 프라하를 다른 시대에 방문한 것 같은 전혀 다른 감흥을 느꼈다. 앞으로 3일을 더 머문다 해도 또다시 새로울 것만 같았다. 여행지에서의 설렘, 흥분과 동시에, 왠지 모를 고향의 푸근함마저 느껴지는 이 오묘한 감정은 무엇이란 말인가? 호텔에서 만났던 방을 정리해주시던 메이드부터, 길거리에서

스쳐 지나갔던 낯선 이들, 상점에서, 레스토랑에서, 시장에서 우리
의 추억과 함께했던 모든 이들의 여운이 생생하다. 아름다운 자연
과 잘 조화롭게 보존된 건축물들, 그리고 사람들까지….

분명 내일이면 또 다른 여정의 설렘이 기다리고 있겠지만, 네덜
란드 암스테르담으로 향해 날아가는 비행기에 몸을 실으면서도, 이
여행이 끝날 때까지, 그리고 귀국을 해서도 두고두고 프라하의 추
억과 여행을 곱씹을 것 같았다. 내일이 되어도 그리고 또다시 내일
이 되어도, 어제의 프라하를 추억 속에 만날 것이다.

Chapter

5

네덜란드

암스테르담

생각하는 모든 것이 합법, 암스테르담

    암스테르담까지 약 한 시간여의 비행, 그런데 비행기가 무려 한 시간 반이나 연착되었다. 그런데 이런 일이 일상인지 아니면 유럽 사람들은 여유롭고 너그러운 건지 누구 하나 인상을 붉히거나 항의하는 이들도 없었다. 지난겨울 제주도 여행 때 김포 공항에서 비행기가 40분 연착되었을 때의 험악했던 분위기와는 사뭇 달랐다.

    유럽 내 비행기들이 이용하는 터미널에서는 비행기가 도착한 후에 그냥 짐을 찾아서 나가면 됐다. 별도의 출입국 심사도 세관 검사도 없었다. 그냥 기차역이나 버스터미널처럼 짐만 챙겨서 나오면 됐다.

암스테르담의 밤은 역시나 화려했다. 밤 11시가 넘어 도착한 암스테르담은 대낮처럼 환하게 조명이 빛나고 있었으며, 오히려 낮보다 더 많을 듯한 젊은이들이 거리에 넘쳐났다. 밤에 도착하는 비행 스케줄이어서 최대한 역에서 가까운 곳으로 호텔을 예약했다. 암스테르담의 호텔에 대해서 이미 후기들을 보기는 했지만, 역시나 가격 대비 최악의 컨디션이었다. 워낙에 건물들이 오래되고 좁았고, 관광지의 소음이 밤새도록 사라지지 않았다. 프라하에서 묵었던 호텔의 두 배가 넘는 비용이었지만, 절반에도 못 미치는 이번 여행 최악의, 수준 이하의, 다시는 생각하고 싶지도 않은 호텔이었다. 오로지 역에서 가까운 것을 위안으로 삼아야 했다.

네덜란드 하면 무엇이 먼저 떠오르는가? 풍차, 튤립, 물과 운하, 대마초, 하이네켄, 합법적인 성매매, 자전거, 빈틈없이 붙어있는 주택…. 바로 이것들이 네덜란드 하면 떠오르는 것이었다.

암스테르담의 밤은 화려하기만 했다. 그 화려함 뒤에 이 도시의 아픔이 가려져 있는 것만 같은 뒷골목의 다른 얼굴을 생각하면 조금은 마음이 무겁게 느껴졌다. 거리에 하나 가득 넘쳐나는 술에 취한 이들과 숨쉬기도 불편할 정도로 아무 데서나 피어오르는 대마초 냄새의 역겨움, 매춘 거리를 가득 메운 인파, 어디서든 눈에 들어오는 성인용품 매장들의 낯 뜨거운 디스플레이가 그리 썩 유쾌하게 반겨지지는 않았다.

밤새도록 젊음의 열기가 식지 않는 곳이다 보니 늦게까지 간단한 스낵이나 패스트푸드를 파는 가게들도 꽤 있었다. 한 버거가게에서는 자판기처럼 버거를 판매하고 있었다. 주방에서 만들어진 버거를 선반에 올려놓으면 손님은 자판기처럼 동전을 넣고 원하는 버거를  선택해서 가져가는 방식이었다. 만만치 않은 인건비에, 특히 야간의 구인은 더욱 힘들어서 고안해낸 장치 같았다.

밤새 창밖에서 나는 취객들의 소음에 피곤한 몸에도 단잠을 자지 못했다. 아침 일찍 눈을 떠서 샤워하고 암스테르담의 밝은 모습을 보고 싶었다. 좁은 골목길은 온통 쓰레기와 오물, 토사물, 그리고 소변 냄새가 진동했다. 어서 이 번화가를 벗어나고 싶었다.

운하를 따라 여기저기 발걸음을 옮겨 봤다. 역전의 번화가를 벗어나 주택가로 들어서니 깨끗하고 잘 가꿔진 아름다운 유럽 도시의 모양새가 살아났다. '이제 나도 나이를 먹긴 먹었구나.' 번화가 밤의 열기가 불편하게 느껴지고, 고즈넉한 주택가의 풍경이 훨씬 더 마음속에 파고들었다.

  암스테르담의 주거형태는 독특하다. 주거 공간이 부족하여 배에서 생활하는 이들도 있고, 건물들이 빈틈없이 붙어 있다. 엘리베이터가 없는 건물에 이삿짐을 올리기 위해 건물 꼭대기에 도르래를 걸 수 있는 기둥이 돌출되어 있고, 물건을 올릴 때 건물과 부딪치지 않게 건물이 기울어져 있다. 참으로 흥미로운 사실이었다.

  운하를 따라 이곳저곳을 걸으며, 카메라 렌즈에 아름다운 풍경을 담다 보니, 암스테르담은 참으로 아름다운 도시였다. 물론 오래되고 비좁고, 물가도 너무 비싼 도시라서 거기에 살라고 하면 딱히 살고 싶은 생각이 들지는 않지만, 관광객으로 한 걸음 떨어져서 본 도시는 아름답기 그지없었다. 도시를 둘러보니 왜 그렇게 자전거를 타는 이들이 많은지 알 것 같았다. 신도시들처럼 주차할 공간이 없으므로 차를 소유하는 것이 근본적으로 힘들 수밖에 없겠다는 생각이 들었다. 더운 여름에, 추운 겨울에, 눈비 오는 날에 차로 이동하면 훨씬 더 편할 테지만, 이곳에서는 차를 소유하기가 쉽지 않을 수밖에 없을 것 같았다.

담 광장과 왕궁도 구경하고, 안네 프랑크의 집, 렘브란트 하우스, 쇼핑의 거리인 담락 거리도 거닐었다. 도보 구경도 좋지만, 운하를 따라 관광 크루즈를 타고 이곳저곳 다른 각도에서 암스테르담을 보고 싶었다. 암스테르담 중앙역 앞으로 와서 크루즈에 승선했다. 걸으며 보았던 곳들을 다시 지나갔지만 물 위에서 보는 암스테르담의 모습은 또 다르게 느껴졌다.

네덜란드 수제 맥주를 한 곳에서,
Proeflokaal Arendsnest

크루즈를 타고 구경도 했으니 이제 암스테르담의 맥주를 즐겨야할 시간이었다. 네덜란드 국가 대표 맥주는 하이네켄이다. 이는 너무나 잘 알려져 많이 마셔왔던 양산 맥주다. 하이네켄 박물관도 있지만, 온라인 후기를 보니, 굳이 시간을 할애해서 가야 할 곳은 아닌 듯했다. 이제 막 맥주를 알기 시작한 청년들이라면 모를까, 맥주좀 마셔 본 이들에게는 큰 매력이 있어 보이지는 않았다.

사실 암스테르담에는 맥덕들이 지나쳐 가지 않는 핫한 맥주 펍이 있다. 한 곳에서 네덜란드 양조장의 맥주를 원 없이 즐길 수 있는 곳이다. 프루플로칼 아렌츠네스트(Proeflokaal Arendsnest) 펍에서는 네덜란드의 각 지역에서 생산된 맥주가 52개의 탭으로, 그리고 100여 종이 병으로 제공된다. 암스테르담을 찾는 맥주 애호가들에겐 성지 같은 곳이다. 낮부터 야외 테이블과 실내 테이블 모두 빈자리 찾기가 쉽지 않았다.

사실 맥주는 살짝 공복에 마셔야 흡수도 빠르고 기분도 더 업 되는 듯하다. 이런 맥주 전문 펍에서는 음식을 시키는 것보다는 차라리 다시 맛보기 쉽지 않은 맥주를 한 잔 더 마시는 것이 좋다. 어차피 음식이 전문화된 것도 아니고, 전문 요리사가 있는 것도 아닌 펍에서의 안주는, 정 허기지지 않는다면 패스하고 맥주를 즐기라고 권하고 싶다. 실제로 음식을 먹는 이들을 찾아보기도 쉽지 않고 감자 칩도 그냥 기성 제품 봉투를 부욱 뜯어서 담아 준다.

이렇게 맥주가 많은 곳에서는 맥주를 고르기도 쉽지 않다. 펍에서 바텐더나 서버들에게 맥주를 추천해 달라고 하면, 추천 자체를 하지 않는다는 이들도 많다. 워낙에 맥주 맛이란 자기의 주관이 있고 기호가 다르니 추천하는 것이 부담스러울 수밖에 없다. 수많은 맥주 중에서 추천을 부탁하면 비즈니스 입장에서 아무래도 빨리 순환시켜야 하는 케그나 병 제품을 추천해야 하는 유혹을 뿌리치기도 쉽지 않을 것이다.

그러니 어차피 선택은 자신의 몫, 평소 즐기는 스타일의 맥주를 주문하든, 아니면 새로운 스타일의 맥주를 선택하든 본인의 몫이다. 우리나라의 음주 문화가 조금씩 변해가고 있기는 하지만, 아직 대다수는 '무얼 먹을까?'가 '무엇을 마실까?'에 앞선다. 술을 그 차제를 즐기기보다는 음식을 먹을 때 거드는 정도로 '안주가 맛있으면 어떤 술을 마시든 무슨 상관이야?' 하는 인식이 아직은 지배적이다. 그렇다 보니 국산 맥주가 북한 대동강 맥주보다 맛이 없다는 혹평이 나오고, 항상 대형 공장의 양산 맥주에 대한 비평이 많다. 하지만 역으로 맥주 제조사의 항변을 들으면 새로운 스타일의 맥주를 만들고 출시해도 결국 소비자의 선택은 카스, 하이트로 간다는 것이다.

우리 부부는 술을 많이 마시는 걸 좋아하지도 않고, 주량이 받쳐주지도 못한다. 언제나 상황에 맞춰 즐기는 정도를 좋아할 뿐이다. 우리는 네 가지의 네덜란드 로컬 브루어리의 맥주들을 탭으로 천천히 음미하며 즐겼다. 각자 두 잔 정도의 양이지만, 사실 크래프트

비어들의 서빙 용량이 적으니 500mL 맥주 한 잔보다 조금 더 마신 격이었다. 빈속에 아침부터 부지런히 돌아다닌 후에 맥주가 들어가니 피로도 풀리고 혈액순환이 빨라지는 느낌을 느끼는 듯했다. 천천히 아무것도 안 하고 맥주 몇 잔 더 마시고 숙소로 돌아가서 한숨 자면 딱 좋을 듯했다. 하지만 그렇게 하기에는 봐야 할 것도 먹어야 할 것도 너무 많았다. 기분 좋게 흥겨운 취기가 올라오고 다시 암스테르담의 골목골목을 탐험하기로 했다.

감자튀김,
새로운 정의를 내리다

    암스테르담은 워낙에 역사적으로도 다민족이 모여 사는 곳이고 특히 많은 화교들이 정착해 비즈니스를 하는 곳이기도 하다. 그리고 세계 곳곳의 관광객들이 모여들다 보니 세계 각국의 음식점들도 많고 특히 중국 음식점들을 어렵지 않게 발견할 수 있었다. 중국인 노부부가 운영하는 중식당에서 면과 밥을 사이드로 해물과 고기를 웍에 볶은 요리로 뒤늦은 점심을 해결했다. 어느 나라를 가든 중국인들이 하는 식당은 현지화도 잘 되어 있고, 누가 먹어도 크게 호불호가 갈리지 않게 변형이 되어 있어서, 어떤 메뉴를 선택하든 큰 후회는 없었다.

　기념품 가게도 들르고, 소품 가게도 들러 보고, 배는 부르지만 뭔가 주전부리를 해 줘야 할 것만 같았다. 그냥 왠지 한 번이라도 더 먹고, 한 잔이라도 더 마셔야 할 것 같은 오기 아닌 오기며 의무감이 들기도 했다. 암스테르담 골목골목에서 감자튀김을 파는 가게들을 쉽게 발견할 수 있다. 감자튀김에 트러플 마요를 찍어 먹는 요리의 원조 격은 벨기에지만 관광지 길거리 스낵으로 감자만한 것이 또 어디 있겠는가? 오로지 감자튀김 한 가지와 몇 가지 소스만을 파는 가게 앞의 줄은 끊이지 않았다. 워낙 장사가 잘되니 재료가 신선하고 튀겨서 나오면 바로 팔려 버리니 감자도 뜨겁고 바삭하고 맛이 없을 수가 없었다.

아내는 원래 감자요리를 좋아하지 않는다. 그런데 이번 여행에서 독일 뮌헨 공항 양조장 에어브로이에서 맛본 독일식 감자샐러드에 푹 빠졌고, 그리고 암스테르담에서 맛본 감자튀김에 또 한 번 푹 빠졌다. 감자가 이렇게 깊은 맛이 있는 줄 평생 몰랐다고 했다. 배가 불러 목까지 차올라 온 상태에서 먹은 감자가 이리 맛있을 정도니, 정말 줄 서서 기다릴 만도 했다. 사실 뭐 하나 특별할 것이 없다. 질 좋은 감자를 깨끗한 기름에 튀긴 것이 전부다. 역시 음식은 재료의 질과 신선도 유지를 위한 회전율에 의해 그 맛이 크게 좌우된다.

그래서 메뉴가 단순한 전문점 요리를 먹어야 한다. 너무 배가 불러서 작은 사이즈를 주문했는데 큰 사이즈로 주문할 걸 하는 아쉬움이 남았다. 하나 더 주문해서 먹고 싶었지만, 다시 저 긴 줄의 맨 뒤로 갈 자신이 없었다. 다음 감자는 벨기에에서 먹기로 했다.

Chapter

6

벨기에

안트베르펜, 브뤼셀, 브뤼헤

안트베르펜(Antwerpen) 중심에서 맥주를 외치다

　이곳은 벨기에 북부에 자리 잡은 항구도시이며 벨기에 제2의 도시다. 제2의 도시라 해도 벨기에 자체가 워낙 작은 나라이다 보니 인구 40여만 명의 소도시이다. 우리나라 서울 인구가 천만 명에 육박하고, 강남구 인구만 해도 50만 명을 넘는 걸 고려하면 아주 조그마한 소도시라 할 수 있다. 여행의 참맛은 대도시들보다는 숨겨진 중소도시의 매력을 발견하는 것이 큰 것 같다.

　부킹닷컴으로 예약했던 숙소에 문제가 생겨서 급하게 안트베르펜 중앙역에 내려서 호텔 검색을 하여 다른 호텔을 예약했다. 그런데 운 좋게도 역 바로 앞에 호텔이 있어서 역에서 2차선 도로 하나 건너의 호텔에서 투숙하게 됐다. 역시 역에서 숙소가 가까우니 정말 손발이 자유로웠다. 안트베르펜을 목적지로 한 이유는 벨기에 소도시의 숨은 보석을 찾는 재미도 있지만, 맥주 애호가들의 성지

이며 순례지로 꼽히는 레전드급 맥주 펍 쿨미네이터(Kulminator)를
방문하기 위해서였다. 우선 목적지는 정해져 있고 목적지를 향해
가면서 구석구석 구경을 하기로 마음먹었다.

안트베르펜 중앙역에서 메인 스트리트를 따라 내려가는 길 양쪽에는 레스토랑과 펍들이 즐비했고, 야외 테라스에서 오후를 즐기는 이들로 북새통을 이루었다. 맥주의 천국 벨기에답게 흔한 길가의 펍에서 300가지의 탭 맥주를 서빙하는 것도, 그냥 별로 특별하게 보이지 않을 정도다. 유럽의 소도시들은 서로 비슷한 듯하면서도 저마다의 독특하고 명확한 색깔이 있다. 어느 도시를 가도 항상 새로운 정감이 느껴지기 때문이다. 더불어 어느 도시든 도시를 대표하는 성당들도 위엄을 자랑하고 구시가와 신시가의 조화도 절묘하다.

펍을 향해 가는 길에 성모 마리아 성당도 들러 보고, 힐튼 호텔을 거쳐 올드 타운 광장에 들어서니 조그마한 지역 축제가 열리고 있었다. 광장에 설치된 부스에는 유럽의 나라별 특산물을 가지고 나온 이들이 자신들 나라의 전통 먹거리나 소품 등을 팔고 있었다. 축제에서 빼놓을 수 없는 것이 먹거리와 마실 거리 아니겠는가? 나라별 전통음식과 음료를 팔고 있는 부스에서 나오는 냄새의 유혹은 정말이지 참기 어려웠다. 또한, 간이 무대에서는 밴드가 노래를 부르며 음악을 연주하고, 박자에 맞춰 춤을 추는 이들의 모습도 정겨웠다. 유럽의 작은 도시에 동양인 관광객이 신기했는지 우리를 쳐다보는 이들도 종종 있었다. 먼저 눈인사를 하고 손을 흔들어 주니 그들도 손을 흔들며 웃어 주었다. 누가 주인이고 누가 객이든 무슨 상관이겠는가? 먼저 인사를 나누면 자연스럽게 서로에 대한 경계

의 벽은 허물어지는 듯했다. 어떤 축제였는지는 알아내지 못했지만, 크건 작건 축제는 항상 흥겨웠다.

"I'll be back~"
쿨미네이터(Kulminator)

　지도를 따라가면서도 지금 우리가 맞게 가고 있는지 의구심이 들었다. 전혀 맥주 펍이 있을 것 같지 않은 외각으로 향해 가고 있었으니 말이다. 지도의 안내가 끝나고 어렵게 조그마한 간판을 찾아내 목적지에 도착했다. 펍 안으로 문을 열고 들어가려 했으나 가게 문이 굳게 닫혀 있었다. 순간 다리의 힘이 쫙 빠지고 허탈해졌다. 이 먼 거리를 걸어와서 그냥 허탕 치고 돌아갈 생각을 하니 발이 떨어지질 않았다. 아직 해가 지지 않은, 밖이 더 환한 오후라 실내를 들여다봐도 영업을 하는지 안 하는지 구분이 되지 않았다. 다시 한번 문을 밀어도 보고, 당겨도 봤지만 역시나 문은 굳게 잠겨 있었다. 몇 분을 멍하니 서서 주변도 돌아보고 가게에 안내문이라도 있나 살펴보던 중에 문틈에 작은 벨을 발견했다. 벨을 몇 번 누르니 이미 온라인에서 사진으로 많이 뵈었던 백발의 사장님이 나오셨다.

　　1980년대 추억의 명작 〈백 투 더 퓨처〉의 '브라운 박사'를 연상
시키는 포스를 풍기는 사장님이 다소 무뚝뚝한 어투로 우리에게 말
을 건넸다. "이곳은 맥주를 마시는 곳이 아니고, 시음하고 음미하는
곳이니, 그냥 맥주를 마시러 왔다면 다른 곳으로 가라"라고 말이다.
그리고 현금만 받고 카드 결제가 안 된다고 덧붙였다. 아무 손님이
나 받지 않기 위해서 문을 잠그고, 손님과 구두의 동의가 이루어진
후에 입장을 허락했다. 원래 그랬던 것 같지는 않은데 노부부께서

맥주 한잔, 유럽 여행

252

연세도 있으시고, 술을 많이 마시는 이들을 상대하는 것도 힘이 부쳐서 그렇게 바꾸신 것 같았다.

가게 안의 아늑한 분위기는 딱 우리의 취향 저격이었다. 아담하고 조용하고 앤틱한 분위기가 맥주를 음미하기에는 제격인 듯했다. 익히 알고 왔지만, 이곳에서 맥주를 주문하려면 인고의 시간이 필요하다. 얼핏 봐도 노래방 책자보다 두꺼워 보이는 맥주 리스트가 압권이었다. 몇 가지 맥주가 있는지 주인장들께서는 알고 있을까? 몇 가지는 고사하고 맥주 리스트가 몇 페이지인지 세는 것도 보통

일은 아닐 듯했다. 상온에 보관된 맥주들, 저장고에 보관된 맥주들, 그리고 워크인 냉장고에 빼곡히 저온 보관된 맥주들까지 천 가지는 족히 넘는 맥주들이 손님을 기다리고 있었다. 어차피 사장님도 여사님도 급할 것 없어 보였고, 우리도 급할 것도 없었으니 도서관에 온 셈 치고 맥주 공부를 해 보기로 했다. 역시 쉽지 않았다. 우리가 맥주 고민을 하는 동안 몇몇 손님들이 벨을 누르고 우리와 같은 입문절차(?)를 거치고 가게로 들어왔다.

미켈러 빅 워스터 발리 와인(Mikkerller Big Worster Barly Wine)과 오드 비어셀 파로(Oud Beersell Faro)를 탭으로 주문했다. 요즘 가장 핫한

크래프트 브루어리 중의 하나인 미켈러의 발리 와인 스타일 맥주를 탭으로 즐길 귀한 기회를 놓칠 수는 없었다. 발리 와인은 와인이 아니고 분명 맥아로 만든 맥주 스타일로, 보통 알코올 함량이 9~15도 정도의 강한 에일로 홉의 아로마도 강하고 마치 와인 같은 깊은 풍미가 있으며 디저트와 페어링도 많이 한다. 미켈러 빅 워스터 발리 와인은 무려 15.4% 알코올 함량으로 라거처럼 벌컥벌컥 마시다가는 어떤 일이 일어날지 모른다. 그리고 오드 비어셀의 파로 맥주, 파로 스타일 맥주는 별도의 효모균을 넣지 않고 공기 중의 자연 야생 발효균으로 양조한 람빅(Lambic) 맥주에 설탕을 추가하여 2차 발효 숙성한 맥주로 2차 발효과정에서 탄산의 생성으로 탄산감이 강하고 아직 발효되지 않은 설탕의 잔여 당으로 단맛도 나는 맥주다.

　이렇게 두 잔의 맥주를 마시는 데 얼마나 시간이 걸렸을까? 한참
을 음미하고 있는데 내 연배쯤 되어 보이는 중년 신사가 우리가 앉
아 있던 긴 테이블에 합석하였다. 영국에서 맥주를 마시려고 일부
러 찾아온 열정 넘치는 중년 신사였다. 맥주에 빠진 지 불과 1년여
밖에 안 되었고, 인스타그램으로 맥주 관련 정보를 공유한다고 했
다. 같은 나이 때에 같은 관심사로 금세 오랜 친구처럼 웃음꽃을 피
워 가며 이야기를 나누었다. 우리의 담소가 흥미로웠는지 옆 테이
블에 있는 두 젊은 친구가 합석했다. 그들은 스웨덴에서 업무 때문
에 출장을 왔다가 이곳에 방문했다고 했다. 그중 한 친구는 한국에

와 본 적도 있고 한국에 대해서 아는 것도 많아서, 더욱 쉽게 공감
대를 형성했다.

분위기가 무르익고 우리는 세인트루이스 괴즈 폰드 트래디션(St. Louis Gueuge Fond Tradition) 병맥주와 시메이 블루 그랑 리저브(Chimay Blue Grand Reserve) 탭 맥주를 추가로 주문했다. 탭에서 맥주를 따르는 것도, 그리고 병맥주를 서빙 하는 것도 모두 여사님의 몫이었다. 사장님은 맥주 리스트를 업데이트하고 계시는 듯했다.

괴즈 스타일의 맥주는 영 람빅과 올드 람빅 스타일을 블렌딩 하여 숙성시킨 맥주로 야생 효모의 발효과정에서 알코올뿐만 아니라 맥주의 신맛도 가져오며 멸균된 스테인리스 발효조에서 기계적으로 관리되는 맥주들과는 달리 그때그때 다양한 캐릭터를 가지고 있는 맥주이다. 일반적인 프루트 람빅(Fruit Lambic)의 단맛을 선호하지 않는 이들은 괴즈를 선호하는 이들이 많다. 세인트루이스 맥주는 람빅 계열의 맥주 브랜드이며, 수도원 맥주 스타일을 발전시킨 카스틸(Kasteel) 시리즈, 10년 숙성된 쿼드루펠 스타일 맥주의 맛을 재현한 꾸베 드 샤토(Cuvee de Chateau), 맥주계의 '페라리'라 불리며, 맥주병에 일련번호까지 매겨진 트리냑(Trignac) 등을 생산하는 반 혼스브룩(Van Honsebrouck) 양조장의 맥주다. 반 혼스브룩 양조장은 서부 플랜더스 지방의 잉헬문스터(Ingelmunster) 성 지하 저장고에서 맥주 숙성을 하여, 캐슬 브루어리(The Castle Brewery)로 불리며, 소량의 맥주를 전통을 지키며 가업으로 승계해오고 있는 BFB(Belgian Family Brewers)의 20개밖에 없는 회원 양조장 중의 하나이기도 하다.

시메이는 우리나라에서도 너무나 잘 알려진 트라피스트 맥주로
블루 그랑 리저브는 다크 스트롱 에일 스타일의 알코올 9.0% 맥주
이다. 트라피스트 맥주는 맥주의 스타일을 나타내는 말은 아니고,
트라피스트(Trappist) 수도회에서 수도사들이 직접 만든 맥주들로 전
세계적으로 14개(2019년 기준)의 수도원만이 국제 트라피스트 협회
의 인정을 받아 맥주를 생산할 수 있다. 그중에서 무려 6곳이 벨기
에에 있고, 네덜란드 2곳, 오스트리아, 이탈리아, 영국, 프랑스, 스페
인, 미국에 각 1곳씩 있다. 어느 맥주 하나 가볍게 음용할 맥주들은
아니었다. 천천히 음미하며 이야기하며 즐겨야 할 맥주들이었다.
맥주는 상황에 따라 야구장에서 가볍게 마셔야 할 스타일이 있고,

축제장에서, 정찬과 함께, 디저트와 함께, 그냥 맥주만 즐겨야 할 스타일 맥주들의 개성이 다 다르다. 어떤 맥주가 더 좋고 나쁘다고 할 수 없다. 상황에 맞는 맥주가 가장 좋은 맥주이다.

이곳이 정말 맥주의 왕국이고 천국인 듯했다. 맥주의 종류가 많아서가 아니고, 비싼 맥주가 많아서도 아니었다. 맥주를 진정 좋아하고 즐기는 이들이 자연스럽게 하나가 되어 음미할 수 있는 장이 열린다는 것이 믿기지 않을 정도의 즐거움을 선사했기 때문이다. 누구 하나 주사를 부리며 흐트러진 모습을 보이는 이도 없었고, 시끄럽게 자신만의 주장을 하거나 고성을 지르는 이도 없었다. 서로를 배려하며 성숙하게 맥주를 즐기는 문화가 진심 부러웠다. 시장의 광장에서 가판의 먹거리와 가벼운 라거 맥주를 즐기는 즐거움도 한없이 좋았고, 완전히 색다른 분위기로 음미하는 맥주 자리 또한 영원히 머릿속에 여운으로 남을 것 같았다.

시간이 어떻게 흐르는지 모르게 지나가고 있었고 마지막 맥주로는 영국 친구가 추천해준 드 돌 아라비어(De Dolle Arabier) 병맥주를 주문했다. 이미 강한 녀석들로 후각과 미각이 아주 무디어져 있는 터라, 어떤 맥주를 마신들 큰 감흥은 없을 것만 같았다. 그런데 친구의 추천처럼 맥주 애호가들의 사랑을 받을 만한 임팩트가 있었다. 이미 마신 맥주들에 비하면 다소 평범할 수 있는 벨지안 스트롱 에일 맥주였지만, 입과 코에서 느껴지는 홉의 아로마가 매력적이었다. 미국식 더블 IPA에서 느껴지는 과도한 호피함과는 거리가 먼, 좀 더 깊이가 있고 인위적이지 않은 아로마가 인상적이었다.

이미 창밖이 어두워진 지도 한참 지났고 이제 주인장 노부부도 일과를 마감해야 할 시간이 다가오고 있었다. 주인들의 마음은 우리가 빨리 나가 마감을 하고 쉬시고 싶을 테고, 우리는 조금이라도 더 늦게 떠나고 싶은 마음이 간절했다. 안트베르펜에서의 어떤 관광보다도 깊이 기억에 남을 추억을 만들고 그곳을 떠났다.

오줌싸개 천지,
브뤼셀(Bruxelle)

    싱가포르 하면 가장 먼저 떠오르는 것은 사자 얼굴에 인어의 몸을 한 멀라이언 조각상이다. 하지만 막상 가서 보면 사실 실망스럽기 그지없다. 벨기에 브뤼셀 하면 가장 먼저 떠오르는 것은 오줌싸개 소년이다. 오줌싸개 소년이야말로 실제로 보면 60cm 정도의 작고 그다지 특별할 것 없는 조각상이다. 이런 것이 브랜드이고 브랜

드 마케팅인 것 같다. 뭔가 한 가지로 명확하게 그 나라를 연상시키는 것 말이다. 외국인들이 볼 때 한국 하면 떠오르는 것이 무엇이 있을까? 우리도 국가 브랜드를 명확하게 할 한 가지를 특화해서 해외에 알려야 할 것 같다. 소위 '한 놈만 팬다'라고 하지 않았던가, 너무 많은 정보를 주려 하지 말고 하나로 명확한 정체성을 만들어야 할 것 같다. 브뤼셀에는 오줌싸개가 소년만 있는 것이 아니다. 오줌싸개 소녀도, 오줌 싸는 개도 있고, 수많은 맥주 펍들 덕분에 길에서 오줌 싸는 사람도 있다.

브뤼셀에서 그동안 유럽 여행에서 느껴 왔던 감흥과는 또 다른 감동이 몰려왔다. 브뤼셀 중앙역에서 내려 호텔로 이동을 했고, 호텔 바로 앞에 그냥 평범해 보이는 조그만 공원이 있었다. Place de l' Agora라는 조그만 공원을 호텔들이 둘러싸고 있었고, 호텔에서 운영하는 레스토랑의 야외 테라스 테이블을 가득 메운 인파들, 그리고 거리의 악사들, 퍼포먼스를 보여주고 있는 예술가들, 브뤼셀의 생기가 그대로 느껴졌다. 몇 걸음만 더 걸어 들어가면, 입도 못 다물 무언가가 기다리고 있지만, 벌써 감동의 물결이 밀려오기 시작했다. 호텔에 체크인하고, 바로 카메라를 챙겨 들고 바쁜 걸음을 재촉하며 방을 나섰다.

불과 몇 걸음을 인파의 흐름을 따라 걸어 들어가 그랑플라스 (Grand-Place) 광장에 들어서자, 말 그대로 입을 다물 수가 없었다. 브뤼셀 시청사, 시립 박물관, 맥주 박물관 등과 은행 건물들로 둘러싸인 광장에서 느끼는 브뤼셀의 건축물 수준, 벨기에의 사회적 문화 수준이 경이로웠다. 뭐라 말로 형언하기에는 부족할 수밖에 없었다. 끝도 없이 광장으로 밀려 들어오기 시작하는 관광객들의 행렬을 보니, 아직 환한 대낮이었지만, 밤이 되면 어떤 모습으로 탈바꿈할지 벌써 상상이 되었다. 프라하에서 느꼈던 감동과는 비교할 수 없는 또 다른 감동이었다. 어느 곳이 더 좋고 나쁘고가 아니라, 서로 다른 느낌의 아름다움이었다. 프라하에서처럼 3일이라는 일정이 모자랄 것만 같은 조바심이 벌써 빠른 걸음을 재촉하게 했다. 초콜릿부터 먹어야 할지, 맥주부터 마셔야 할지, 와플, 아니면 쇼핑 먼저 해야 할지…. 감자튀김은 또 어쩌나? 해야 할 것의 리스트가 정리가 안 되고 머릿속에서 맴돌기만 했다.

브뤼셀의 모든 길은
'그랑플라스'로 통한다

　더 이상 구글맵은 필요하지 않았다. 그냥 구석구석 특별한 목적
지 없이 돌아다니기로 했다. 구시가를 돌아 브뤼셀 증권거래소가
있는 신시가까지 다리 아픈 줄도 모르고 걷고 또 걸었다. 위생병으
로 복무했기에 군에서도 행군도 안 해보고 구급차 타고 훈련에 참
여하곤 했는데, 이번 여행에서 군인들 행군보다 더 강행군하는 듯
했다. 세상의 모든 길은 로마로 통한다 했던가? 브뤼셀의 모든 길은

그랑플라스로 향하는 듯했다.

우연히 발견한 생 위베르 갤러리(Galeries Saint-Hubert)는 이탈리아 밀라노의 비토리오 에마누엘레 2세 갤러리아(Galleria Vittorio Emanuele II)를 연상케 했다. 생 위베르 갤러리는 1800년대 중반에 지어진 유럽 최초의 쇼핑 갤러리로 왕과 귀족들의 모임 장소였다고 한다. 고귀한 품격이 느껴지는 쇼핑 갤러리아는 그리 규모가 크지는 않았지만, 고급스러운 초콜릿, 가구, 소품, 장식품 상점들 그리고 고급 레스토랑이 있었다. 역시나 아내는 신천지를 발견한 듯 좋아했다. 장식품, 소품 매장에서는 지난 스위스 여행의 한이라도 풀어 보려는 듯 예쁜 소품들을 탐색하고 있었다. 이 갤러리아에서 여유로운 시간을 보내고 있노라면, 누구라도 왕이 되고 귀족이 된 기분이 들 것만 같았다.

결국은 브뤼셀은 그랑플라스에서 요리조리 연결되어 모든 볼거리 먹거리들이 옹기종기 모여 있어 관광하기에는 최적의 조건을 가지고 있는 듯했다. 부셰 거리(Rue des Bouchers)도 그랑플라스와 생 위베르 갤러리와 연결된 레스토랑이 모여 있는 먹자골목이다. 벨기에 음식 하면 제일 먼저 떠오르는 것이 홍합 요리와 감자튀김인데, 감자튀김이야 길거리 간식으로도 먹을 수 있고, 레스토랑에서 메인 요리를 시키면 같이 나오기도 하니 특별히 주문할 요리는 아니었다. 결국, 요는 홍합 요리였다. 홍합 요리는 유럽에서 유학 생활 시절에 많이 먹기도 했거니와, 특별한 요리 기술이 필요한 요리도 아니고, 그렇다고 특별한 맛이 있는 것도 아니다. 오히려 한국식 홍합탕이나 얼큰한 홍합 짬뽕이 훨씬 더 입맛에 맞기에, 벨기에에서 홍합 요리는 패스하기로 했다.

케밥의 추억 L'Express
레바논 지중해 음식점

  슬슬 허기가 올라오기 시작해 여기저기 맛집들을 찾아 헤매다 그랑플라스 근처에서 발견한 L'Express라는 레바논 지중해 음식점을 찾았다. 사람들이 엄청나게 많았고, 오픈 주방으로 보이는 요리사들의 분주한 움직임과 회전 케밥(Kebeb) 그릴에서 쉴 새 없이 고기를 슬라이스 하는 모습이 식욕을 자극했다.

케밥은 주로 양고기나 소고기, 닭고기 등을 양념하여 불에 구워 각종 채소와 빵, 밀전병 등과 함께 먹는 중동, 중앙아시아, 지중해 지역의 대표적인 전통음식으로 수백 가지의 다양한 케밥이 전 세계적으로 사랑받고 있다. 어렵사리 야외 테이블에 자리를 잡고, 향신료와 허브로 양념한 소고기와 채소를 넣어 만든 샤와르마 비프(Chawarma Beef) 샌드위치와 케밥 그릴에 구운 소고기, 치킨과 채소, 소스 그리고 레바논식 밀전병 피타 브레드(Pita Bread)와 같이 나오는 플래터(Platter), 그리고 감자튀김을 주문했다.

맥주는 식후에 펍 크롤링을 해야 하기도 했고, 이곳에서는 선택의 여지가 없기도 해서 주필러 필스(Jupiler Pils)와 마이스 필스(Maes Pils)를 주문했다. 벨기에에 오면 왠지 트라피스트 맥주나 좀 더 강력한 뭔가를 마셔줘야 할 것 같지만, 사실 주필러, 스텔라 아르투아, 마이스 3개 브랜드의 필스너 맥주들은 벨기에 필스너 스타일 판매 3대 맥주들이다. 당연히 필스너 스타일의 맥주는 어떤 음식과 페어링해도 무난하게 소화할 수 있으며, 시원하게 청량감 있게 그냥 마셔도 그만이다.

역시 장사가 워낙 잘되는 곳이다 보니 음식 재료의 신선도는 걱정할 것이 없었다. 중동, 지중해 음식들은 독특한 향신료 때문에 호불호가 많이 갈리기는 하지만, 우리 부부는 워낙에 지중해 요리를 좋아하고, 케밥을 좋아해서 괜찮았다. 한국에서도 이태원으로 케밥 요리를 먹으러 종종 가곤 했기 때문이다. 푸짐한 양에 신선한 재료, 코끝을 자극하는 향신료들이 입맛에 딱 맞았다. 4등분 되어 나온 피타 브레드를 벌려서 안에 내용물들을 넣어 싸 먹는 맛과 재미도 쏠쏠했다.

브뤼셀의 밤은
더 아름답다

다시 어둠이 내리고 브뤼셀의 건축물들과 거리, 상점들은 화려한 조명으로 새로운 옷을 갈아입었다. 낮보다 훨씬 더 많은 인파가 그 랑플라스 광장으로 몰려나왔다. 광장은 마치 한여름 해운대 백사장 처럼 엄청난 인파로 뒤덮였고, 광장을 헤쳐 지나가기가 어려울 정 도였다. 어차피 목적지 없이 걸어도, 걷다 보면 광장으로 돌아오니,

도시의 야경을 느끼고자 행진을 시작했다. 역시 벨기에는 어디를 가도 오줌싸개 소년 천지였다.

　초콜릿 가게들은 저마다 다른 모양의 오줌싸개 초콜릿을 만들어 쇼윈도에서 관광객들의 시선을 끌었다. 초콜릿, 화려한 형형색색의 와플 가게들, 그리고 기념품 가게들, 그리고 역시 맥주 강국답게 병맥주를 파는 소매점 바틀숍(Bottle Shop)들도 어렵지 않게 발견할 수 있었다. 맥주의 종류며, 가격이며 맥주 애호가들에게 벨기에는 천국이 맞다. 수많은 맥주를 다 사 갈 수도 없고, 그렇다고 다 마시고 갈 수도 없고 속만 태울 수밖에 없었다. 무게도 무겁고 깨질 위험도 있고, 1인당 세관 통과하는 병의 제한도 있으니, 맥주를 캐리어에 싣고 가는 것은 무모한 생각이었다. 그냥 몇 병 더 구매한 후 호텔에 돌아가서 즐기는 수밖에 없었다.

광장 주변에는 밤늦은 시간까지 영업하는 펍을 찾는 것이 어렵지 않았다. 낮의 열기가 식은 밤에는 오히려 야외에서 맥주를 마시기 더 좋으니, 노상의 카페, 펍마다 빈자리를 찾기가 쉽지 않았다. 운 좋게 야외 테이블에 자리를 잡고, 브뤼셀에서의 첫날을 마감하기로 했다.

벨기에 맥주는 다양한 맥주 종류만큼이나 독특하고 개성 넘치는 맥주 전용 잔도 눈길을 끈다. 맥주 전용 잔은 단순히 보기 좋게 하려고 디자인된 것이 아니다. 양조장에서 자신들의 맥주를 가장 맛있게 즐길 수 있게 하기 위한 고민과 노력, 과학이 숨어있다. 라거로 가볍게 시작한 브뤼셀의 첫날을 조금 더 강한 맥주들로 마무리하기로 했다.

라 꼬르네 트리펠(La Corne du Bois des Pendus La Triple), 파우벨 콱(Pauwel Kwak) 두 개의 센 녀석들, 두 맥주 모두 전용 잔의 비주얼이 둘째가라면 서러울 포스를 풍긴다. 라 꼬르네 트리펠 스타일 맥주는 수도원 에일 맥주 스타일로 강한 알코올 도수와 홉의 쓴맛, 맥아와 효모의 명확한 느낌이 두드러지는 10% 알코올함량의 맥주이지만, 생각만큼 그렇게 강한 알코올의 느낌보다는 꽃향기가 나는, 즐기기 좋은 트리펠 맥주이다.

콱은 벨지안 스타일 다크 스트롱 에일로 투명한 구릿빛 바디에 달콤한 건과일의 맛과 향이 느껴지는 8.4%의 강한 에일이다. 두 맥주 모두 탭으로 주문했고, 전용 잔의 임팩트 때문이라도 마시고 싶은 맥주들이다. 음식과의 페어링보다는 맥주만 천천히 음미하며 즐기는 것이 이 두 맥주를 즐기기에는 더 적합한 듯했다. 워낙 강한 캐릭터가 있고 동시에 섬세한 맛과 아로마가 있기에 디저트 정도도 좋을 듯했다. 천천히 아주 천천히 맥주를 비워 나가니 피곤한 몸도 같이 반응이 오고 있었다. 불과 몇 분 거리의 호텔로 가면서 알딸딸하고 유쾌하게 기분 좋은 취기를 느끼며 또 하루의 마감을 아쉬워했다.

지금 마시러 갑니다,
칸티용 양조장(Brasserie Cantillon)

집에서는 일찍 일어나는 것처럼 힘든 것도 없더니, 여행 내내 무슨 청춘이라고 아침 일찍부터 눈을 떠 긴 하루 일정을 소화해 냈다. 브뤼셀의 일정 역시 아침 댓바람부터 숨은 골목골목을 탐험이라도 하듯 헤쳐 나갔다.

온라인으로 예약을 해 놓은 칸티용 양조장(Brasserie Cantillon) 투어가 있기에 우리의 발걸음 방향은 양조장을 향하고 있었다. 시내 번화가를 조금 벗어난 외곽에 있는 양조장으로 가는 길은 아랍계 이민자들이 모여 사는 지역인 듯했다. 여기저기 아랍어 간판과 상점들, 음식점들이 많이 보였고, 길거리에도 아랍계 이민자들이 많이 보였다. 토요일에 너무 이른 시간에 나와서 그런지 상점들도 음식점도 문을 열지 않은 곳들이 대부분이었다. 대충 요기라도 할 요량으로 패스트푸드점을 찾아봐도 쉽지가 않았다. 아랍 식료품점에 들어가서 구경을 하는 것도 재미있고, 간단한 요깃거리를 사려고 했지만, 그것 또한 뜻대로 되지 않았다.

거의 포기하고 양조장을 몇 백 미터 정도 남겨둔 대로에 오픈 준비를 하는 아랍 샌드위치 가게를 발견했다. 관광객들이 찾지 않는 외진 가게에서 동양인들을 보니 다소 신기해하는 것 같은 주인의 반응이었다. 우리는 그저 허기를 채울 수 있기에 반가울 따름이었

다. 오픈 준비 중이어서 조금 더 기다려야 한다기에, 우리는 주문을 먼저 하고 자리에서 기다렸다. 양조장 투어 예약 시간은 다가오고 마음은 급해지기 시작했다. 시간 여유가 조금만 더 있으면 천천히 가게에서 먹고 가면 좋을 것을, 하지만 우리는 테이크아웃으로 포장을 해서 가면서 먹어야겠다고 마음먹었다. 거리의 가게들이 오픈하기 전 이른 시간이라 거리에도 사람들이 별로 없으니 왠지 스산하게 느껴지고, 음식도 별로 제대로 나올 것 같지 않은 선입견을 품게 되었다. 전날 밤 레바논 음식점처럼 사람이 꼬리에 꼬리를 물고 줄을 섰다면 왠지 그냥 맛있을 것이라 스스로 최면을 걸었을 텐데 말이다.

'그리들'이라고 불리는 업소용 대판 그릴은 철판이 워낙 두꺼워서 예열하는 것만 15~20분 정도는 소요된다. 마음은 급해지고 음식에 대한 기대도 낮고, '그냥 갈까? 말까?' 하며 마음속으로도 여러 번 갈등했다. '이렇게 기다리다 괜히 투어 시간 놓치고, 음식도 별로면 어쩌지?' 하는 걱정 때문이었다.

젊은 가게 주인은 드디어 요리를 시작했다. 가게에는 우리 부부 말고는 아무도 없었는데, 그리들 위에 올려놓은 재료의 양은 누가 봐도 두 명이 먹을 샌드위치의 속 재료 양은 아니었다. 두 가지의 아랍 샌드위치가 완성되고 그 크기는 성인 남자 세 명이 먹어도 충분할 정도였다. 비닐봉지에 담긴 샌드위치를 받아 들고 양조

장 방향으로 총총걸음을
재촉했다. 결국 시간 문제
로 샌드위치는 가면서 먹
기로 했다. 가게에 가졌던
선입견이 미안하게 느껴
졌다. 이제껏 먹어 본 케
밥 요리 중에 손가락에 꼽
힐 정도의 환상적인 맛이
었다. 그곳은 분명 식사시
간이 되면 엄청난 대기 줄이 있을 것이 분명했다. 해물과 신선한 채
소와 중독성 있는 소스의 조화, 그리고 바삭하게 다시 그릴에 구운
빵까지 완벽했다. 재료도 아끼지 않고 정성을 다해 만들어준 따뜻
한 샌드위치에 마음조차 따뜻해졌다.

드디어 칸티용 양조장에 도착했다. 칸티용 양조장은 전통방식으
로 람빅 맥주를 양조하는 브뤼셀의 소규모 양조장으로 120여 년에
걸쳐 가업으로 내려오는 양조장이다. 양조장이 설립될 당시에는 브
뤼셀에 100개가 넘는 브루어리들이 양조를 하고 있었지만, 지금까
지 브뤼셀 시내에서 양조하는 곳은 칸티용이 유일하다. 칸티용은
람빅과 블렌딩한 람빅 계열의 맥주를 생산하며, 오로지 전통적인
방식으로 자연의 발효과정으로 맥주가 만들어지기에 항상 같은 맥
주가 생산되는 것이 사실상 불가능했다.

칸티용 양조장 투어는 온라인으로 미리 결재하고, 정해진 시간에 영어 가이드와 함께하는 방식과 예약 없이 혼자서 양조장을 둘러보는 셀프 투어 방식 두 가지가 있다. 우리는 가이드 투어를 예약했기 때문에 시간에 맞춰 오기 위해 마음을 졸인 것이다. 겉으로 보기에는 그냥 공장 창고 같은 느낌이었다.

'여기에 무슨 양조장이?' 하는 호기심으로 문을 열고 들어가니, 양조장 느낌이 물씬 풍겼다. 특히 대형 양조장과는 다른 소형 양조장의 아기자기함이 정감 있었다. 입구에서 예약을 확인하고, 대기 장소에서 여기저기 둘러보고 있으니, 같은 시간대의 예약자들이 모여들었고, 가이드와 함께 본격적인 투어가 시작되었다.

칸티용 양조장에 대한 소개, 람빅 맥주의 양조 방법, 양조 되는 동선을 따라 이동하며 이야기를 듣고 질문하며 투어가 1시간여 진행되었다. 한 젊은 부부가 우리 타임에 같이 있었는데 남편이 청각 장애가 있어서, 아내가 가이드 옆에서 남편을 위해서 1시간여 동안 수화로 동시통역을 해 주었다. 두 사람의 아름다운 사랑이 언제나 지금처럼 변함없으면 좋겠다고 생각했다.

람빅(Lambic) 맥주는 벨기에 브뤼셀 남부 지역에서 쿨쉽(coolship) 이라 불리는 오픈 발효조의 맥즙을 자연의 야생 효모에 노출시켜 발효하는 방식으로, 금속 양조통에서 배양된 효모로 정형화되게 양조하는 양산 맥주와는 다른 개성 있는 독특한 맛이 있으며, 후미의 깔끔한 산미가 특징이다. 일반적인 양산 맥주들은 배양된 효모균 외에는 다른 미생물들의 침투를 막기 위해 발효조나 저장조를 화학약품으로 멸균 처리하여 균일한 맥주 맛을 유지한다. 반면에 람빅 맥주는 100여 종의 미생물들의 오묘하고 복잡한 화학작용으로 매번 같지 않은 맛과 향을 만들어 낸다.

람빅 맥주는 블렌딩 되지 않은 스트레이트 람빅, 영 람빅과 올드 람빅을 블렌딩한 괴즈(Gueuze), 체리를 넣어 2차 발효하는 크릭(Kriek) 같은 과일 람빅(Fruit Lambic), 1차 발효 후 설탕을 추가하여 2차 발효 숙성을 하는 파로(Faro) 맥주 등이 있다. 전통적으로 맥주를 겨울에 양조했던 이유는 많은 양의 끓는 맥즙을 빨리 식히기에 찬 겨울 공기가 적합했기 때문이다. 투어의 후반부, 오크 배럴에서 숙성 중인 맥주들이 마치, 위스키, 와인 양조장에 온 듯했다.

가이드 투어를 마치면 시음을 할 수 있는 시음실에서 두 가지 맥주를 시음할 수 있다. 원하면 추가로 맥주를 구매하여 마실 수도 있다. 우리는 아무것도 블렌딩 하지 않은 스트레이트 람빅과 체리 람빅인 크릭(Kriek)을 시음했다. 원래 사우어 에일을 좋아하는 데다가, 양조장 투어를 마치고 바로 마시는 시음 맥주의 맛은 감동 이상의 감동이었다. 가이드와 이야기를 나누어 보니, 최근 1~2년 사이에 양조장 투어를 하는 한국인 관광객들이 눈에 보이게 늘었다고 한다. 국내에 맥주 인기가 날로 높아지고 온라인상에 양조장 투어 소

맥주 하자, 유럽여행

개 글이 늘어나면서 빠르게 증가하는 것 같았다. 우리 민족은 정말 이지 새로운 것을 받아들이는 것도 빠르고 새롭게 적용하는 것도 빠르고 정말 똑똑한 민족이다. 위정자들의 부정, 부패, 비리만 줄어 든다면 훨씬 더 빨리 발전할 수 있는 저력 있는 민족인데 참으로 안 타까웠다.

아직도 아련한 거리의
소년 악사

　람빅의 정취에 흠뻑 빠진 양조장 투어를 마치고, 숙소가 있는 그
랑플라스 광장 쪽으로 향했다. 광장으로 오는 길에 초콜릿도 먹고,
와플도 먹고, 여기저기 기념품 가게도 들러서 구경하며 숙소 앞 공
원에 도착하니, 조그마한 벼룩시장이 열렸다. 그리 큰 규모는 아니
었지만, 아기자기한 소품들이 나와 있었고 공원을 둘러싼 레스토랑
의 테라스는 인산인해를 이루고 있었다.

여기저기서 거리 공연을 하는 이들을 쉽게 찾아볼 수 있었는데, 그중에 우리의 귀와 시선을 사로잡은 이들이 있었다. 바로 중학생 즈음의 한 소년과 아버지로 보이는 이였다. 중학생 즈음으로 보이는 소년은 아코디언을 연주하고 있었고, 그 소년의 아버지로 보이는 남자가 그 옆에서 춤을 추고 있었다. 거리의 공연을 구경하는 수많은 행인 사이에 우리도 잠시 서서 감상을 하기로 했다. 스피커에서 반주가 나오고 그 반주에 맞춰 아코디언을 연주하는 소년은 거의 신들린 듯 리듬에 맞춰 몸을 움직이며 연주를 했다.

그 소년의 아버지는 지적 장애가 있는 듯 보였고, 아이는 낡은 옷차림과 짝짝이 신발에, 그것도 한 짝은 너무 작아서 신고 서 있기도 불편해 보였다. 그의 퍼포먼스를 사진에 담는 것이 왠지 미안하게 느껴져 카메라를 들 수가 없었다. 계속 이어지는 신나는 노래들의 반주에 맞춰 연주하는 그의 실력은 선천적으로 타고난 듯했다. 적절한 음악 교육을 받았을 것 같지는 않았고, 그저 몸에서 느끼는 대로 연주하는 천재적인 모습이 감탄스러웠다. 중학생 아들을 둔 아버지 처지에서 마음이 애잔했다. 좋은 환경에서 좋은 교육을 받으면 세계적인 뮤지션이 될 재목처럼 보이는 아이의 길거리 공연이 너무 아쉽고 안타까웠다. 이어지는 군중들의 환호와 갈채 속에 비오듯 땀을 흘리는 소년의 모습이 머릿속에서 사라지지 않았다. 한참을 자리를 뜰 수 없는 그의 연주 매력에 빠져 시간 가는 줄도 몰랐다. 바로 앞의 레스토랑에서 생수를 사고, 팁 통에 지폐를 넣고 그 소년과 눈인사를 나누고 자리를 떠났다. 지금도 그 소년이 연주했던 호주 출신 가수 시아(Sia)의 〈Cheap Thrill〉이 문득문득 떠오른다.

세상의 모든 맥주,
데릴리움 빌리지(Délirium Village)

　브뤼셀을 찾는 맥주 애호가라면, 아니 굳이 맥주 애호가가 아니어도 젊은 청춘들은 결코 지나쳐 갈 수 없는 곳이 있다. 바로 데릴리움 펍으로 더 잘 알려진 데릴리움 빌리지다. 이름처럼 하나의 펍 매장이 아니고 펍이 모여 있는 골목의 작은 마을이라는 표현이 더 맞을 듯하다. 브뤼셀의 먹자골목 부쉐 거리(Rue des Bouchers)의 한 곁

가지 골목을 따라 펍들이 줄지어 들어서 있다.

데릴리움 빌리지는 'Délirium Café Buessels', 'Délirium Taphouse', 'Délirium Hoppy Loft', 'Délirium Monasterium', 'Floris Bar', 'Floris Garden', 'Floris Tequila', 'Little Délirium Café', 이렇게 총 여덟 곳의 펍/바가 골목에 모여 있는 곳이다. 이곳에서 즐길 수 있는 맥주의 종류는 무려 2,000가지가 넘고, 벨기에 맥주뿐만 아니라 세계 60여 개국의 맥주를 맛볼 수 있으며, 2004년 가장 많은 종류의 맥주를 파는 곳으로 기네스북에 등재되었다.

이곳은 맛볼 수 있는 맥주의 종류 수만큼이나, 다양한 나라에서 온 여행객들로 북적인다. 낮부터 인파들이 몰려들기 시작하는데 밤이면 정말이지 사람들을 뚫고 들어가서 주문하기조차 쉽지 않다. 한 곳에서 펍 크롤링을 할 수 있도록 제각기 다른 스타일, 분위기의 펍들이 연이어 있다. 한 번 쭉 둘러보고 자신의 취향에 맞는 펍을 골라 한잔 즐기고, 다른 분위기를 느끼고 싶으면 주변의 펍으로 이동하면 된다.

여덟 곳의 펍이 있는 가운데 골목은 항상 맥주 애호가들로 북적인다. 또한 골목 끝자락에 오줌싸개 소녀 동상이 자리하고 있다. 데릴리움 펍을 찾아온 게 아니라 오줌싸개 소녀(Jeanneke Pis) 동상을 찾아왔다 펍을 발견하는 이들도 많을 것이다.

안트베르펜의 쿨미네이터 펍과는 180도 상반되는 분위기라 생
각하면 무리가 없다. 강렬한 음악 소리, 군중들의 잡담 소리, 현란한
조명, 담배 연기, 술에 취해 중심을 잃은 수많은 취객, 분명히 활기
넘치고 매력적인 펍이다. 하지만 우리 부부에게는 조금은 어색함이
느껴지는 곳이었다. 환한 대낮에도 방문해 보았고, 어둠이 내린 밤
에도 방문해 보니 역시 밤에 확연히 다른 분위기가 무르익어 있고
젊음의 열기를 느낄 수 있었다. 브뤼셀을 방문하는 젊은 여행객들
은 한 번은 꼭 와 볼 만한 진풍경이 있는 멋진 펍임이 틀림없었다.
어차피 수천 가지의 맥주를 다 맛보진 못할 테지만, 이곳이 아니면

두 번 다시 맛보기 힘든 맥주들을 골라 맛보는 것도 좋은 추억으로 남으리라 생각되었다. 식을 줄 모르는 브뤼셀 밤의 열기와 그 열기를 즐기는 젊은이들의 생동감이 느껴지는 살아있는 도시의 매력은 멈출 줄 몰랐다.

벨기에의 동화마을
브뤼헤/브뤼허(Bruges/Brugge)

　벨기에의 또 하나의 아름다운 소도시, 맥주 양조와 레이스(lace) 가공이 주 산업인 브뤼헤는, 브뤼셀과는 확연히 다른 매력을 가지고 있었다. 좀 더 편안하고, 고풍스럽고, 정적이지만 품격 있는, 중년들을 위한 도시의 느낌이 왔다. 브뤼셀의 매력은 두말할 것 없지만, 브뤼헤는 역에서 내려 구시가로 들어가는 초입부터 감탄사가

터져 나왔다. 브뤼헤는 원래 일정에 있던 곳은 아닌데, 아침에 일어나서 갑작스럽게 결정하여 기차역으로 향해 이곳까지 오게 되었다. 역에서 구시가의 중심으로 들어가는 길의 주택가는 정말이지 동화 속의 마을 같았다.

일요일 아침 고요한 주택가를 빠져나와 흐로터 마르크트(Grote Markt) 광장으로 향하는 메인 스트리트에 합류하자 또 다른 신세계가 열렸다. 길가 양쪽의 고급스러운 상점들은 좁은 도로를 몇 번이고 다시 건너고 건너게 했다. 대형 브랜드가 아닌 개인 쇼콜라티에가 운영하는 고급스러운 초콜릿 가게들, 수제 아이스크림 가게, 옷,

장식품, 가구, 레이스 공예품, 기념품 등등 저마다 독특한 개성을 자랑하고 장인들의 품격이 느껴지는 가게들이 즐비해 있었다.

이곳은 브뤼셀의 가게들과는 확연히 다른 느낌이었다. 쉴 새 없이 달리는 마차들의 말발굽 소리, 고상해 보이는 중, 장년층의 유럽인들이 여유로워 보였다. 브뤼셀이 젊음의 도시였다면, 브뤼헤는 중, 장년들을 위한 조금은 슬로 한 매력이 있는 도시다. 광장으로 향하는 길에 시가행진하는 군복을 입은 노령의 퇴역 군인들의 행렬을 만났다.

7월 21일이 벨기에 독립 기념일이어서 독립기념 행사의 일환으로 행렬이 진행됐고 광장에는 무대가 설치되고 기념행사 준비에 분주한 사람들의 모습을 볼 수 있었다.

해주 헌정, 유럽 여행

인파가 흐르는 대로 따라가 보니, 법학과 정치학으로 유명한 유럽 대학교(College of Europe) 앞 산책길에 벼룩시장(Flohmarkt)에서 장이 열리고 있었다. 보통 벼룩시장에 가보면, 과일, 채소, 육가공품, 치즈 등의 식재료와 기념품을 파는 재래시장의 성격이 강한데, 이곳은 문자 그대로의 벼룩시장이었다. 그냥 집에 쌓여 있던 골동품 같은 중고 물품을 판매하는 이들이 훨씬 더 많아서 흥미로운 볼거리를 제공하고 있었다. 전문 상인들이 아니어서 물건 판매에는 크게 욕심도 없어 보였고, 가족들과 같이 나와서 부스를 지키는 이들도 보였다. 벼룩시장에서 운하를 따라 분주히 움직이는 보트를 탄 관광객들의 표정이 밝기만 했고, 운하 건너 맞은편에 브루어리 펍에서 맥주를 즐기는 이들이 보였다.

운하를 품은 양조장 펍
부르고뉴 드 플랜더스(Bourgogne des Flandres)

우리도 다리를 건너 양조장 펍으로 향했다. 부르고뉴 드 플랜더스(Brewery Bourgogne des Flandres) 양조장 펍이었다. 게이트를 지나 브루어리로 들어오면 안내 데스크와 양조장 투어를 시작할 수 있는 입구가 보인다. 양조통이 보이는 뒤뜰도 너무 예쁘게 잘 꾸며져 있어서 맥주를 즐기기에 최고였다. 그리고 진짜 절정은 운하를 끼고

테라스에서 즐기는 맥주였다.

　우리는 운하가 보이는 테라스에 자리를 잡고 맥주 시음 샘플러인 비어 플라이트(Beer Flight) 여섯 종을 주문했다. 우리나라에서는 보통 샘플러라는 표현을 쓰지만, 외국에서는 'Beer Flight'라는 표현을 많이 쓴다. 건물 내부에 있는 바에서 맥주를 주문하면 6가지의 비여과 생맥주를 따라 준다. 맥주를 받아 들고 6가지 맥주의 리스트를 챙겨서 자리로 돌아왔다. 어떤 맥주들이 잔에 담겨 있는지 리스트를 확인해 봐야 하지만, 잔에 담긴 형형색색의 맥주 색감이 식욕을 자극하고 두 눈을 만족시켜 주었다. 역시 맥주는 입으로만 마시는 것이 아니라 오감으로 즐기는 음료다.

첫 번째 맥주는 'Brewer's Playground'라는 이름을 붙인 뉴 잉글랜드 IPA였다. IPA 스타일치고는 낮은 3.5%의 알코올 도수에 세지 않은 쓴맛, 풍성한 과일 향이 유쾌한 밀과 귀리가 사용되어 탁한 바디를 지닌 맥주였다.

그리고 두 번째는 이곳의 시그니처 맥주인 부르고뉴 드 플랜더스(Bourgogne des Flandres)라는 맥주였다. 이는 브라운 에일과 람빅을 블렌딩하여 오크 배럴에 숙성한 맥주로, 달콤함과 새콤함, 묵직한 바디감, 볶은 캐러멜 향이 느껴지는 와인 같은 맥주였다. 워털루 트리펠(Waterloo Tripel)은 수도원 트리펠 스타일 맥주로 크림 같고 풍성한 거품에 과일 아로마와 알코올의 열기가 느껴지는 전형적인 트리펠 스타일 맥주였다.

꽃향기와 시트러스 과일 향이 은은한 Blonden Os, 홉 아로마의 임팩트가 명확한 'Martin's Original Pale Ale', 그리고 마지막으로 천연 딸기 과즙과 람빅을 블렌딩하여 오크 배럴에 숙성한 스트로베리 람빅(Timmermans Strawberry Lambicus)의 딸기향이 정말이지 상큼했다.

이처럼 다양한 스타일의 맥주를 탐험할 수 있는 즐거운 비행이었다. 역시 샘플러라는 이름보다는 비어 플라이트(Beer Flight)가 더 잘 어울리는 묘사인 것 같다. 다양한 맥주의 세계를 탐험하며 비행하는 느낌이 조금 더 우리의 감흥을 잘 묘사해 주는 것 같았다.

사람들을 하나로 묶어주는
유일한 벽, '2be / The Beer Wall'

　시음을 마치고 양조장을 나와 골목길을 따라 몇 걸음을 걸어가
니 또 다른 맥주 천국이 우리에게 손짓하고 있었다. '더 비어 월
(The Beer Wall)'이라고 작은 간판이 붙은 독특한 나무문 안으로, 뭔가
맥주를 즐길 수 있는 펍이 있는 듯했다. 작은 간판에는 'The Only
Wall That Unites People(사람들을 하나로 묶어주는 유일한 벽)'이라는 뭔
가 자신 있어 보이는 서브타이틀이 인상적이었다.

커다란 나무 게이트를 지나 골목을 따라가니 다양한 세계 맥주들이 탭으로 제공되고, 맥주를 주문하려는 인파로 북새통을 이루고 있었다. 바 옆의 문으로 나가면 맥주를 즐길 수 있는 테라스 테이블들이 있었고, 맥주를 즐기는 이들로 만석을 이루고 있었다. 야외에서 맥주를 즐길 수 있는 멋진 펍일 뿐만 아니라, 더 비어 월은 고풍스러운 건물 전체가 마치 맥주 박물관처럼 셀 수 없을 정도로 다양한 맥주들이 진열되어 있었다. 족히 몇 천 가지 되어 보이는 엄청난 양의 맥주들, 맥주 관련 소품들을 감상하는 것만으로도 구름 위를 걷는 듯한 환상적인 느낌이었다. 건물 내부의 창으로 보이는 창밖의 운하와 건물들, 행복해 보이는 사람들이 어우러져 한 폭의 그림을 만들어 내고 있다. 정말이지 벽돌로 쌓아 올린 이 벽 안에서 맥주를 좋아하는 이 들이 하나 되는 마법의 공간 같았다.

브뤼헤는 북부의 베니스라 할 만큼 아름다운 도시다. 벨기에의 아름다운 동화마을이라는 별명이 너무나 잘 어울리는 곳이다. 어느

310

골목을 들어가도, 어떤 길을 걸어도 수채화 화폭 속을 걷고 있는 듯한 느낌이었다. 더 비어 월에서 구매한 몇 병의 트라피스트 수도원 맥주를 강가에서 즐겨 보았다. 맥주는 언제 어느 곳에서 어떤 상황과도 잘 어울리는 은총 받은 음료인 것 같다. 프라하 재래시장에서의 라거 맥주 한 잔도, 브뤼헤 운하에 걸터앉아 마시는 트라피스트 맥주도 모두 하늘이 내려 주신 축복처럼 느껴졌다.

3km의 맥주 파이프,
할브만 양조장(De Halve Mann)

브뤼헤를 방문하기로 한 것은, 브뤼헤의 아름다운 구시가를 둘러

보고 할브만 양조장(Huisbrouwerij De Halve Maan)을 방문하기 위해서

였다. 그런데 할브만 양조장에 도착도 하기 전에 이미 맥주 천국 벨

기에의 위엄을 느낄 수 있었다. 다시 구글맵을 켜고 할브만 양조장을

향해 발걸음을 옮겼다. 가는 길에도 길가의 바틀숍, 초콜릿 가게, 아

이스크림 가게, 공예품 가게 모두 하나하나 격이 다른 섬세함과 세

런미를 뽐내고 있었다.

드 할브 만(De Halve Maan)은 영어로 'The Half Moon', 즉 반달이라는 이름의 양조장이다. 양조장 입구의 금장 반달 문양이 방문객들을 맞아 준다. 현재의 위치에서 500년 동안 맥주를 생산하고 있으며, 지금의 양조장은 1856년부터 지금까지 운영되고 있다고 한다. 드 할브 만 양조장은 1990년대까지는 'Henri Maes'라는 이름으로 운영되었고, 그 후에 '드 할브 만'으로 변경되어 지금까지 이어져 오고 있다. 그래서 브루어리의 반달 문양에는 'Henri Maes'로 각인이 되어 있다.

할브만 양조장은 스트라페 핸드릭(Straffe Hendrik), 브뤼헤 조트 (Brugse zot) 맥주로 국내에도 잘 알려진 브뤼헤의 양조장이다. 브뤼 헤 성벽 안에서 아직도 양조하는 유일한 양조장이며, 2016년에 브 뤼헤의 양조장에서 3,276m의 맥주 수송 파이프 2개를 땅 지하에 파묻어, Waggelwater에 위치한 병입 공장으로 보내서 두 가지 맥주 의 병입 공정을 진행하고 있다. 브뤼헤 역사적 구시가의 비좁고, 돌 바닥으로 된 도로에 거대한 맥주 탱크 트럭으로 운송하는 어려움 을 고민하던 끝에 생각해낸 아이디어라고 한다. 맥주 파이프라인은 부분적으로 대중의 참여로 이루어진 크라우드 소싱(Crowd Sourcing) 방식으로 진행되었으며, 그들에게 무료로 맥주를 주었다고 한다. 3km가 넘는 맥주 파이프라인을 통해 맥주를 운송하는 프로젝트는, 지역의 기업과 지역 사회가 함께 머리를 맞대고 고민한 결과로 양 조장을 다른 곳으로 이전하지도 않고, 거대한 트럭들이 유적지 같 은 마을을 매일 지나지 않으면서도 현재의 위치에서 맥주를 생산 할 수 있는 현명한 대안이 되었다.

동화 속 꿈같은 여정을 마치고 브뤼셀의 숙소로 발길을 돌렸다. 벨기에는 맥주 천국임에는 두말할 필요도 없었다. 반면 그에 비해 벨기에의 음식은 크게 임팩트가 있는 것도 없고, 맥주 가격이 저렴한 것에 비해서는 가격대비 만족도가 많이 떨어지는 것 같았다. 이번 유럽 여정의 후반부여서 그런지 서양 음식보다는 동양 음식 생각이 많이 났다. 이곳에서의 태국 요리도 큰 기대를 할 수는 없었지만, 대표적인 태국 요리 똠얌꿍과 팟타이로 브뤼헤의 일정을 마감했다. 역시나 음식은 그리 만족스럽지는 않았지만, 그저 아쉬움을 달래주기에 딱 좋은 정도의 태국 음식이었다. 벨기에에서는 음식보다는 맥주에 예산을 더 할애하여, 한국에 돌아가면 쉽게 접할 수 없는 맥주들을 즐기는 것이 훨씬 현명한 방법인 것 같다.

Chapter

7

룩셈부르크

여행을
마무리하며

"룩~ 룩~ 룩셈부르크~!"

다시 독일 프랑크푸르트로 돌아가기 전 마지막 목적지인 룩셈부르크에 도착했다. 사실 룩셈부르크 하면 떠오르는 것은 그룹 '크라잉 넛'의 노래 〈룩셈부르크〉 외에는 특별히 없었다. 그 외에는 1인당 국민소득이 10만 불을 넘는 부자 나라, 서울시 4배 정도 크기의 작지만 잘사는 금융 강국 정도로만 알고 있었다.

맥주 한잔, 유럽여행

318

지금까지의 일정에서는 7월 한여름 날씨답지 않게 서늘해서, 오히려 몇몇 지역은 패딩을 입어야 할 정도로 쌀쌀해서 이동하기에도 수월했고, 맥주 마시기에도 더할 나위 없이 좋았다. 룩셈부르크에 도착하니 한여름의 열기가 무섭게 올라왔다. 아마도 40도 가까운 온도가 아닐까 할 정도로 무더웠다. 날씨를 체크해 보니 겨우 25도였다. 워낙에 이상 기온처럼 서늘한 날씨를 즐기다가 여름 같은 날씨, (아니 사실 25도면 초여름 정도 기온인데) 땅에서 올라오는 열기와 하늘에서 내리쬐는 태양열에 피부가 아플 지경이었다. 한국 날씨를 확인해 보니 연일 37~9도를 오르내리는 폭염이 이어지고 있다고 하는데, 25도에 이 정도니 한국에 돌아갈 생각을 하니 겁이 날 정도였다.

그래도 마지막 일정을 소화해 내기 위해 선크림을 듬뿍 바르고, 생수 두 통을 챙겨 들고 호텔을 나섰다. 적응하기 힘든 더위에 한 걸음 한 걸음 움직이기가 쉽지 않았다. 가급적이면 그늘이 있는 길만을 골라 움직이며, 룩셈부르크의 관광 포인트로 이동을 해 나갔다. 25도밖에 안 되는, 우리에겐 폭염을 뚫고, 기욤 2세 광장 & 아름 광장(Place Guillaume II & Place d'Armes)으로 향했다. 주변의 레스토랑, 명품숍, 카페들도 즐비한 관광 중심지임에는 분명 틀림없었는데, 이미 이전의 일정에서 역대급 감흥이 연이어 있었던 터라, 분명 아름다운 룩셈부르크의 명소들에서 오는 느낌이 상대적으로 작게 느껴졌다. 그룬트 노이 뮌스터 수도원(Neumünster Abbey), 노트르담 성당(Notre Dame Cathedral), 아돌프 다리(Adolf Bridge) 등을 돌며 룩셈부르크에서 맥주를 즐기기 위해 Rives de Clausen으로 향했다.

이곳은 맥주 브루 펍, 레스토랑, 바, 카페, 클럽들이 모여 있는 축제장 같은 구역이었다. 좀 더 큰 규모의 '데릴리움 빌리지'라고 하면 어울릴 듯했다. 월요일에 오픈 준비를 하는 이른 시간에 방문해서 많은 군중을 볼 수는 없었지만, 피크 타임이 되면 이 지역이 얼마나 '핫 플레이스'일 지 상상이 가도록 잘 꾸며진 곳이었다. 주위를 둘러본 후에, 우리는 '맥주파'인 관계로 역시 맥주 브루 펍으로 향했다. '더 빅 비어 컴퍼니(The Big Beer Company)' 브루어리 펍으로 들어갔다. 이곳은 Clausel 맥주를 양조하는 브루어리 펍으로 룩셈부르크 시티 안에 있는 유일한 양조장이다. 이날 가능한 맥주는 비여과 필스너 한 가지로 선택의 여지 없이 비여과 필스너 맥주로 주문했다. 아주 곱고 치밀하고 풍성한 거품이 가득한 맥주를 받고, 무더위에 지치고 타는 갈증을 해소해 줄 맥주를 시원하게 들이켰다. 역시 상황에 따라 맞는 맥주는 따로 있는 것이다. 무더위 속에 올라오는 열을 식히기에는 역시 시원하고 톡 쏘는 탄산감이 좋은 필스너 스타일의 맥주가 두말할 나위 없이 최고인 것 같다. 펍 내부의 양조시설과 양조시설을 인테리어로 활용한 부분도 맥주의 맛을 더해 주었고, 피크 시간이 되어 홀이 꽉 차면 장관을 이룰 듯했다.

다음 날 한국으로 돌아가야 한다는 생각에 무얼 해도 마음의 흥
이 나지 않았다. 몇 개월을 준비해 온 여행을 마무리해야 할 시점
에 도달하니 만감이 교차했다. 더 늦기 전에 호텔로 돌아가서 호텔
바에서 맥주 한잔 더 즐기며, 일정을 마무리하기로 했다. 다음 날
아침 일찍 프랑크푸르트로 돌아가야 하기에 늦게까지 바 크롤링
을 하기에는 부담이 됐다. 룩셈부르크의 대표적인 맥주 'Mousel',
'Bofferding', 'Diekirch', 'Clausel' 맥주 중에서 바에서 탭으로 서빙
되는 Diekirch 페일 라거를 주문했다. 하이네켄 같은 페일 라거는
특별한 홉의 비터함이나 아로마, 몰트의 캐릭터도 크게 두드러지지
않아 쉽고 편하게 마실 수 있는 것이 특징이다.

한여름 무더위에 딱 어울리는 페일 라거 스타일 맥주로 우리 부부의 맥(麥) 빠지지 않는 유럽 여정을 마무리하고 있었다. 한편으로는 아쉬우면서도, 또 한편으로는 다시 일상으로 돌아가야 할 의무를 짊어져야 했다. 또 한편으로는 일정 내내 무사, 무탈하게 마칠 수 있는 것에 대해 너무나 감사했다. 다음 날 기차를 타고, 비행기를 타고, 인천 공항에서 집에 도착하는 그 순간까지 무탈하게 마칠 수 있게 기도했다. 아내와 함께하는 일정 내내, 객지에서 어떤 일이 일어날지도 모르기에, (아내에게 내색은 안 했지만) 매 순간 항상 긴장을 해왔고, 일정의 마지막에 오니 몸에서 긴장도 풀리고 안도감도 들었다.

'머피의 법칙'도
내 마음속에 있는 것

    독일 프랑크푸르트 국제공항, 중국 청두를 경유하여 인천으로 가는 비행편의 체크인을 위해서 카운터로 향했다. 체크인 절차를 마치고 보안 검색을 마친 후 출국 신고를 마치고 공항 터미널로 향했다. 청도에서의 경유 시간은 두 시간 남짓이어서, 항공기 정시 출발에 촉각을 곤두세우고 있었다. 불안한 마음이 현실이 되어 가고 있었다. 1시간 넘게 출발이 지연되었다. 청도에서 환승은 입국 심사를 마치고 다시 출국 절차를 거쳐야 한다고 했다. 어이가 없었다. 인천에서 출발할 때만 해도 정책이 바뀌어 그럴 필요가 없다고 했는데, 프랑크푸르트 출발은 그렇지 않다고 한다. 정말이지 어메이징 차이나였다! 비행기에 오르고, 비행이 시작된 후에 도착 시각을 보니 사실상 환승이 불가능해 보였다. 마음을 비우고 잠을 청하기로 했다.

    예상 시간보다 1시간 늦게 도착한 청두 공항에서 눈썹이 휘날리게 뛰어 짐을 찾고, 중국 공안의 보안 검색을 마친 후에 입국하여, 다시 출국 카운터로 달려갔다. 체크인 수속을 하려 하니, 창구 직원이 수속이 불가하다고 단호하게 잘라 말했다. 나의 '머피의 법칙'은 이번 여행도 예외는 아니었구나 싶었다.

어쩔 수 없이 항공사에서 제공하는 호텔에서 하루를 더 보내기로 했다. 우리 부부 말고 5명이 더 비행기를 못 타서 하루 더 머물러야 했다. 긍정적으로 마음을 먹기로 했다. 일체유심조(一切唯心造), 모든 것은 오로지 마음이 지어내는 것이라고 하지 않았던가! 무료호텔에 무료 식사를 하며 하루 시차 적응하는 시간을 갖는다고 좋게 생각했다. 어차피 사천요리를 더 즐기고 싶었는데, 호텔에서 사천요리를 맘껏 즐기기로 했다.

꿈만 같은 여정이 모두 마무리되었다. 좋은 음식, 좋은 맥주, 멋진 풍경보다도 아내와 함께한 즐거운 시간 자체가 축복이었고, 모든 일정 아무 탈 없이 마칠 수 있는 것만으로도 너무나 감사했다. 여정 시작부터 일정의 마지막 경유지인 룩셈부르크에 도착하기 전까지 이상 기후일 정도로, 7월 예년 평균기온을 한참 밑도는 낮은 온도 덕분에, 하루 15km가 넘는 강행군에도, 길거리에서 즐기는 맥주도 덥지 않고 시원하게 즐길 수 있었다. 우리가 귀국하고 얼마 지나지 않아서, 해외 토픽에 나온 동유럽의 40도를 넘는 폭염으로 인한 사망자들 소식에, 우리는 얼마나 운이 좋았는지 새삼 감사하게 되었다.

여행이란 나의 소중한 돈과 시간을 들여 나만의 추억을 만들어 나가는 굵직한 이벤트다. 여행은 처음부터 끝까지 선택의 연속이다. 어디를 언제 갈 것인가부터 시작하여, 무엇을 먹을까, 어느 곳을 방문할까, 무엇을 살까까지. 매 순간이 선택의 연속이며, 그 선택은 내 것이어야 한다. 온라인의 인플루언서들에게, 교묘하게 광고를 노출하는 블로거들에게, 혹은 책의 저자들에게조차도 나의 선택권을 내주어서는 안 된다. 그저 타인의 의견은 가벼운 참조만 하면 되고, 온전히 나를 만족시켜줄 여행의 추억을 만들어야 한다. 누군가에겐 좋은 경험이 나에겐 아닐 수도 있고, 또 그 반대일 수도 있다. 소중한 여행을 꼭 자기 자신만의 것으로 만들어 나가기를 바란다.

지금까지 60여 나라를 여행해 봤다. 여행하면서 보면, 우리나라보다 더 좋은 곳들도 있고, 그렇지 못하게 느껴진 곳들도 많다. 물론 관광지의 볼거리는 확실히 우리나라가 부족한 것이 사실이다. 특히 유럽의 나라들과 비교하면, 정말이지 볼거리가 너무나 없다. 하지만 우리나라처럼 깨끗하고, 대중교통 잘되어있고, 밤낮으로 안전한 나라는 그리 많지 않다. 국민의 교육열도 대단하고, 교육 수준도 높고, 질서 의식도 높다. 우리나라를 '헬조선'이라 부르는 젊은 이들의 허탈감과 박탈감도 백번 이해한다. 정치인들의 부정, 부패, 공평하지 않은 기회와 공정하지 않은 사회에 대한 좌절감도 충분히 이해한다. 하지만 세계 어느 나라를 가도, 사람 사는 곳은 다 비슷한 것 같다.

아직 우리 사회가 우리들의 기대치에 못 미치지만, 그래도 우리 민족은 대단한 민족이다. 전쟁의 폐허에서 세계 11위의 국가 경제력을 가진 나라가 되었다. 세계 어느 곳을 가봐도 한국 관광객들이 넘쳐날 정도로 잘 사는 나라가 되었다. 우리는 무한한 가능성을 가진 민족이고, 젊은이들이 아파하는 만큼 조금씩 더 올바른 사회로 바뀌어 가고 있다고 믿는다. '우리나라 맥주는 대동강 맥주만도 못하다', '소변 같은 맥주'라고 혹평을 받던 게 불과 몇 년 전이지만, 이제 우리나라 소규모 양조장에서 만든 맥주들이 세계 맥주 대회에서 상을 휩쓸고 있다. 우리 민족은 변화도 빠르고, 새로운 것을 받아들이는 것도, 또 우리의 것으로 만들어 더 좋은 것을 만드는 것도 참 빠르다. 역시 우리 민족, 우리 조국 대한민국이 세계 최고인 것 같다.

마지막으로, 일정 내내 함께 동행하며 사진을 찍어준 아내, 이 책이 나오기까지 아낌없는 지원을 해 주신 채종준 이담북스 대표님, 멋진 기획과 편집을 도와주신 이강임 편집장님, 이아연 대리님, 아름다운 디자인 마무리를 해주신 서혜선 디자이너님, 그리고 마케팅 화력을 지원해 주신 문선영 대리님께 진심으로 감사의 말씀을 드립니다.